U0043820

絵で見てわかる RPAの仕組み

圖解RPA
機器人流程自動化入門

西村泰洋·········[著]

陳彩華··········[譯]

10堂基礎課程+第一線導入實證，從資料到資訊、從人工操作到數位勞動力，
智慧化新技術的原理機制、運作管理、效益法則

推薦序

　　站在經營管理的角度，如果員工大幅縮短工時，一天只工作 7 小時，一週四天，而產值是原本的兩倍，管理階層如何將員工效益發揮到最大的價值？如果員工一天不再做看似打雜的事情，而是花更多時間思考解決更複雜的問題，老闆您願不願意投資？認知型企業與人機協作管理新模式已來臨，若能掌握智能營運的關鍵能力，將有可能是未來企業在公司治理與股東評價的新指標。事實上，自動化從來不曾間斷，而科技的高速創新，促使人類離開安逸的舒適圈，向下一世代的學習領域前進，我們不得不承認，以 Made in Taiwan 自豪的台灣，必須轉型為高附加價值的精緻製造，也勢必要將管理最適化，讓管理內功成為打國際競爭戰的重要基石。

　　勤業眾信自 2016 年開始，從日本 Deloitte RPA 專家團隊引進 Deloitte 全球最完整的 RPA 導入方法論，勤業眾信目前已有逾百名顧問受過 RPA 專業訓練，並提供多家金融業、高科技業、傳統製造業、零售流通產業等流程改造 BPR 與 RPA 培訓及導入專案相關服務。勤業眾信內部也早已踏上數位轉型之道路，廣納多元資訊背景人才，成立科技創新中心，結合各項先進科技協助推動事務所數位轉型，並且廣泛使用 RPA 自動化技術，除藉以改造及優化內部工作流程，將節省的人力轉為專注於更具價值之工作，提升工作效率；同時，將這些相關技術跟經驗，協助各業務單位發展各項創新應用，為客戶帶來更優質的服務。因此，不管從外部市場應用趨勢到事務所內部創新轉型策略，導入 RPA 技術將扮演協助企業轉型之重要關鍵，我們應借勢而起，順風而為。

　　在 2018 年 Deloitte RPA 調查中發現，相較於 2017 年有不到一半的企業尚未導入 RPA，2018 年全球導入 RPA 企業數量有大幅成長，以 1-5 個機器人最多（37%）；並且值得關注的是，擁有 6 個以上流程機器人的企業，也高達調查樣本的 31%。RPA 在台灣發展期間約三年，中大型企業導入率已有三成，但中小型企業僅有不到一成，距離全球 RPA 發展仍大幅落後，主要原因來自於，企業高階主管對於 RPA 的認知仍不足、員工對於自動化多半有抗拒改變的心態、流程仍破碎斷鏈或尚未標準化而無法自動化，以及 RPA 專案權責單位或整合性流程負責人不明確。

　　從勤業眾信輔導多家企業導入 RPA 之觀察發現，作業流程過於複雜瑣碎為阻礙導入 RPA 的主因。的確，RPA 計畫的安排與實行，需要企業的決心、時間與

資源，其中包括專業能力的協助。非所有流程都適合 RPA，若既有的作業系統即能完成相對的自動化，則交由原系統解決，將跨流程、跨組織、跨系統的重複性資料擷取、比對、驗證、大批量快速執行的工作交給 RPA，則是比較理想的導入策略。

在人機協作已是必然趨勢之下，我認為這本書提供了幾個很有參考性的資訊，其中包括：

1) 這本書可快速幫員工掃盲，例如書中提到 RPA 與 Excel 不同、又與 BPMS 或 EUC 有何不同、如何選擇最佳工具、如何產生效益。

2) 這本書可幫助企業建立對 RPA 的正確認知，例如企業如何考量 RPA 導入策略、人力資源該如何重新配置。

3) 這本書可幫助 RPA 核心成員補強基本概念，例如透過這本書，了解在流程設計時，如何串接 Office、OCR、AI 或是 ERP 等系統。

RPA 是智能營運朝向 AI 中門檻最低、最有機會成功的 Quick Win，雖然每間企業的規模及作業流程模式都不盡相同，採用 RPA 的實際成本與效益要視企業本身狀況而定。但確定的是企業可以藉由導入 RPA 的機會，再次檢視作業程序，將企業資源做最適合安排，以協助企業升級並開創新局。

柯志賢
勤業眾信聯合會計師事務所會計師暨科技創新長

台灣產業的發展，從早期勞力密集到技術密集的產業轉型，自八○年代開始，歷經將近四十年技術的不斷提升以及數位化的轉型，持續突破習慣的舒適圈，以技術作價，大大提高台灣產品的附加價值，為台灣帶來了一波又一波的經濟成長。近幾年來，由於大數據、機器學習、雲端運算、物聯網、人工智慧以及智慧機械與智慧製造等新興技術的加入，已經在發展近二十年的網路時代，加入了新的動能，也啟動了智慧化時代的引擎。

人工智慧，也就是一般簡稱的 AI，是一個發展非常快速的新興領域，更是智慧化時代所必須具備的技術以及能力。為了因應智慧化時代的來臨，以及讓人工智慧技術在台灣能夠發展及擴散至各個領域，這幾年政府透過智慧機械產業推動方案的規劃，對「智慧化技術」下了定義。所謂的智慧化技術，其實是讓人工智慧技術應用得以擴大的基石，這些智慧化技術包含機器人、物聯網、大數據、CPS 也就是一般所說虛實整合系統、精實管理、3D 列印，以及感測器等技術。

整合以上所述的智慧化技術於下世代的產品以及服務中，將可使得可用的資料日益增長。換句話說，為了使人工智慧技術得以施展，首先必須要有大量的資料，也就是英文所謂的 Data。近來常常聽到「資料就是王道」（Data is King）的說法，也就是說於人工智慧的浪潮下，誰掌握資料，誰就能稱王！那麼數據與資訊（Information）到底有何不同？簡單地說，資料是類比或者是數位化數據的表示，而資訊則是關於特定事實或情況下「知識」或是「智慧」的傳達或接收。比如說，台灣智慧機械產業如工具機產業或是聰明生產的產業期望能夠永續發展並向上提升，單單掌握製造和生產的資料是不夠的。舉個例子，於智慧機械中，獲得工具機如切削、振動、溫度、位置、速度與加速度等資料並不是難事。決勝的關鍵則在於如何將所獲得的資料轉化，產生可用的資訊並提供最合適的加工方式來提升加工後產品的品質，進而提高附加價值。換句話說，除了掌握智慧機械所能得到的加工資料，誰能夠將資料智慧化並產生知識並有所作為，誰就能掌握製造與生產資訊。能掌握該資訊者，就能掌握產業的未來。因此，與其說資料就是王道，我認為能夠掌握「資訊將是一切」（Information is Everything）！

能夠掌握資訊，就能夠透過更智慧的人工智慧的演算法、運算更快速的電腦進行雲端或是邊緣運算，以及幾乎無上限的雲端儲存空間來輔助我們做最佳的決策與判斷。比如說故障預測和健康診斷與管理系統，該系統是一個深具智慧以及能

力的預測系統，這個系統包含橫跨許多領域專業的科學與知識，功能舉例來說包含健康預診斷、使用壽命評估、預測分析、剩餘壽命評估以及有效壽命等訊息，甚至提供健康評估管理以及企業級決策所需更高層的資訊。

但是如何將資料轉變成有用的資訊呢？更直接的說法是，在使用人工智慧結合過往經驗以及理論進行機器學習之前，如何將所獲得的資料加以處理，使得最後產出的資訊是具可靠性、可重複性以及穩定性的資訊呢？這本新書《圖解 RPA 機器人流程自動化入門》透過圖解的呈現，有系統地為讀者介紹與講解如何處理業務甚至上述舉例製造場域的資料，轉換為可用的資訊。RPA 其實是 Robotic Process Automation 的簡寫，也就是機器人流程自動化。但是這裡所謂的機器人，和一般認知如工業型或是服務型的機器人不同，它其實是個「軟體」機器人，簡單來說，此機器人的概念是基於軟體開發，以及人工智慧程式編寫人員在系統開發上一個非常結構化、系統化一系列自動執行的操作。就如同操作機器手臂一樣，了解 RPA 中「軟體」機器人的語言以及操作方式，就能掌握之前所述資料轉化成資訊的「智慧化技術」。過去幾年裡，我看到不少單位為了將資料轉換成可用的資訊做了相當多的努力。但是這轉換的流程，基本上沒有一套比較有系統的方法。這本書《圖解 RPA 機器人流程自動化入門》為我們提供了一個簡單易懂的入門，以具體的操作加上一目了然的圖解以及實務詳述，我相信讀者應該可以馬上上手，而且可以實際應用於不同應用情境與場域上。也期盼透過 RPA 的工具，使得原始的資料透過人工智慧演算能夠產出具可靠性、可重複性以及穩定性的有用資訊，讓台灣智慧化時代的引擎沉穩加速，提升智慧化產品與服務的附加價值，為台灣帶來另一波的經濟成長！

張禎元
工研院機械與機電系統研究所技術長
機械工業雜誌總編輯
國立清華大學動力機械工程學系特聘教授

推薦序

投入機器人研究與開發已逾十年的我，一直到現在，對於機器人相關的新技術應用與導入機器人開發的熱忱絲毫不減。猶記得第一個映入眼簾的《圖解 RPA 機器人流程自動化入門》書名。看到這書名，機器人、流程、自動化等三個元素，不免疑惑著，這幾個元素若各自拆開，各個都足以成為一本書的構成主軸，又加上 RPA（Robotic Process Automation，機器人流程自動化），這串書名一次囊括四個元素，勾起了我的好奇心，好奇著這本書的內容要如何能帶領讀者在 RPA 機器人流程自動化的書中世界悠然徜徉，隨即閱覽起來。

本書使用淺顯易懂的文字描述搭配平易近人的示意圖，佐以 RPA 的應用場景與 RPA 圖解說明，輔有擷圖與具體圖示來呈現，更能讓讀者輕鬆投入在 RPA 的應用中。另外，作者替 RPA 提供了一個平易近人的註解：「自動執行定義好的處理」。這無疑是給了讀者一針強心劑：RPA 本身不是很難的軟體或系統。簡言之，RPA 的概念即為「一台可以幫我們做事的虛擬機器人」。

有鑑於近年來「少子高齡化所造成的勞動力不足」、「勞動成本連年上漲」、「罷工導致的社經損耗與恢復成本增高」、「催生跨領域人才的培育與發展」等問題，在在都與「人」有關。在資訊爆炸的現在，重複且枯燥的例行工作將被取代，因此企業導入 RPA 是必然的。為了妥善將對的人才擺在對的位置上，使用 RPA 促進工作標準化，替代勞動力進行機械化和定型化的操作，結合機器人特有的優勢，助益生產力與效率的提高；導入 RPA 所造成的工作方式改革，亦不遑為企業或組織解決人才問題的契機。利用 RPA 進行流程自動化，只是第一步的開始。誠如自駕車的開發，起先也是先以輔助駕駛系統開始轉變。後續 RPA 結合 AI，將可發揮更多程式強大的優點，達到精準「預測」亦為其一。再者，在 RPA 標準化的工作範疇中而釋放出的人才，不論可以縮短勞動時間或是轉向專注在更有創意與價值的工作中，每每都是協助企業或組織回應社會需求中所不可或缺的重新配置人力資源和提高勞動生產力的呼聲對策。

本書是為了從事資訊系統相關工作、對新技術的應用感興趣、對機器人的開發或導入有興趣，或是希望成為 RPA 專家的人，彙整而成的一本圖解科普書。想當然爾，科普書中常會出現許多技術性的內容，在此經由作者巧妙的編撰，從 RPA 的導入型態、結構要素，進而到機器人與系統開發、導入與運作流程的管理及安全性，乃至相近和配套技術，完整解說 RPA 的「機制」。書中提及「RPA 是連

結多個系統，進而連結系統與人的軟體。要成為 RPA 的專家，需要具備能參與導入行動，以及理解 RPA 的軟體和如何推動包括機器人的系統開發等能力」。

對許多想從 RPA 入門學習的人來說，即使從零的狀態開始，亦可依本書的 RPA 學習三步驟：學習→生成→使用等依序了解 RPA 軟體；將流程「元件化」，並且未來多次重複利用，即為軟體化與提升效率的關鍵。書中亦介紹 RPA BANK 等網站提供讀者獲知 RPA 產品與服務的最新資訊，並提供一些免費軟體等盡可能免付費的學習順序與入門學習，減少讀者的負擔並提供讀者（學習者）更多適時與適性的多樣選擇；若是公司、組織，甚至是個人有預算的話，遵循正規有系統的學習方法來打通任督二脈，亦建議實際購入 RPA 產品來直接學習為佳。非理工科系的讀者亦可將本書當作啟蒙書，一窺機器人自動化概念。

隨後，書中從「業務和操作的可視化」切入，加上「使用者需求」，一直到「機器人開發」的結合、操作、手法、觀察等一系列的步驟，同時列出使用者需求與由研究者觀察訪查的建議，完整內容具體化且引人入勝。開發過程中，程式除了須具備功能以外，也需要兼顧方便好用的設計。以「性能＝非功能性需求」，「延伸思考『確認其他非功能性需求了嗎？』和整體的非功能性需求，就能避免不小心忘記」等，從多方面自我檢視，讓機器人動作與進行處理，除了依據操作流程來生成，從中加入了功能性與非功能性的軟性考量。身為長期研究開發者而言，想來心有戚戚焉。最後，本書介紹目前最普遍的「腳本」程式開發與工具，亦有益於一般讀者輕鬆開發機器人程式。如此用心與巧思的編撰方式，甚至讓沒有系統開發經驗的讀者也能從頭開始理解並在腦海中建立起 RPA 的機制雛形，關於此點，著實讓我既感動又振奮。

全書循序說明了 RPA 的機制和應用、企業或組織推動導入 RPA 的順序建議，最後用業務自動化為目標，做為全書中心主軸，輔以與其他系統的組合搭配，達到最佳化與部署效率化；更瞻前顧後地在最後一章「運作管理和安全性」提醒讀者 RPA 軟體主要的安全威脅範例，如機器人檔案的竄改、對機器人檔案的未授權存取、管理工具與機器人之間的檔案控管，如今全球資訊化時代，雲端化與網路化充斥在每個企業組織運作的前提下，全書的字字珠璣實收畫龍點睛之效。有幸在此以個人淺見與各位讀者分享。感謝！

黃甦

工研院機械所智慧機器人組組長

交通大學機械工程學系助理教授

前言

　　企業和組織對導入 RPA（robotic process automation，機器人流程自動化）的關注似乎日益高漲。另一方面，在導入的第一線卻面臨專業人才不足的問題。

　　要成為 RPA 的專家，需要具備能參與導入行動，以及理解 RPA 的軟體和如何推動包括機器人的系統開發等能力。

　　本書從 RPA 的導入型態、架構要素、結構，到機器人開發、系統開發、導入流程、運作管理和安全性，乃至相近和配套技術，完整解說 RPA 的「機制」。

　　當然，不需要精通所有的內容。利用自己擅長的領域，發揮於創造應用的構想、機器人開發、導入支援等各式各樣的行動即可。

　　本書的目標讀者是從事資訊系統相關工作、對新技術的應用感興趣、對機器人的開發或導入有興趣，或是希望成為 RPA 專家的人。

　　雖然書中介紹了許多技術性的內容，但通篇循序漸進地引導至專門知識，沒有系統開發經驗的讀者也能從頭開始理解 RPA 的機制。

　　RPA 是連結多個系統，進而連結系統與人的軟體。在今後資訊通信科技（information and communications technology, ICT）的發展歷史中，或許 RPA 會和區塊鏈（blockchain）等同樣扮演特別的角色也說不定。

　　若能藉由這本含括 RPA 新技術的著作與各位讀者產生「連結」，實為萬幸。

CONTENTS

【第2章】 RPA 的趨勢和效益

【第3章】 RPA的產品知識

【第4章】 與RPA相近的技術

【第7章】 業務和操作的可視化

【第8章】　使用者需求和系統開發

COLUMN

第 1 章

RPA 的基礎知識

1.1 ‖ RPA 概要

導入 RPA 的企業正迅速增加，多半應用於事務工作效率化和提高生產力等目標，媒體報導等也越來越多。首先，來確認什麼是 RPA。

1.1.1 RPA 是什麼？

RPA 是 robotic process automation 的縮寫。這是一種軟體，以自身以外的軟體為對象，自動執行定義好的處理的工具（**圖 1.1**）。

圖 1.1 RPA 示意圖

1.1.2 將處理與自動化分開來思考

將上述定義進一步分成下面兩點來思考，更容易理解。

①以自身以外的軟體為對象，執行定義好的處理

- 做為對象的軟體是單個或多個都無妨
- 進行定義的是 RPA 執行檔的開發者

②定義好的處理是「自動＝自己動作」執行

- 定義好的處理會「自動」執行是 RPA 特有的性質
- 換個說法，以動作來表示處理，比較能傳達動態的意象

1.1.3 從兩個觀點來檢視實際的案例

關於定義與自動化的關係,來實際看看常見的案例吧。

舉例來說,把顯示在應用軟體 A 畫面的資料複製到應用軟體 B 的畫面。想像一下如下操作,要將輸入到應用軟體 A 的客戶資料部分項目複製到應用軟體 B(圖 1.2)。以 RPA 以外的兩個應用軟體為對象進行處理。

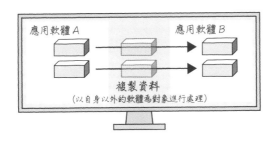

圖 1.2　應用軟體之間的資料複製

來進一步檢視讓這些處理自動化的過程(圖 1.3)。

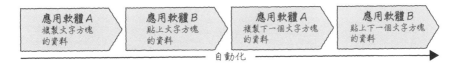

圖 1.3　自動化處理

這個處理在 RPA 內部定義如下:

- 複製應用軟體 A 的文字方塊 1 的資料
- 將資料貼到應用軟體 B 的文字方塊 1
- 複製應用軟體 A 的文字方塊 2 的資料
- 將資料貼到應用軟體 B 的文字方塊 2
  - ※ 若能以一定的規則來反覆進行複製和貼上,就定義為迴圈(loop)。

藉由 RPA,將上述一連串的處理自動化。

1.1.4 RPA 是一種工具

請注意 1.1.1 定義最後使用的「工具」一詞。

說到軟體或系統，從 ERP（enterprise resource planning，企業資源計畫）套裝軟體這種大規模到辦公室自動化（office automation, OA）工具之類的小規模，形形色色。同樣地，RPA 也有在個別桌面使用的類型，以及在整體作業流程中大量使用桌面和伺服器兩者的類型等，有各式各樣的系統架構。

RPA 不是核心系統的角色，而是從外圍支援核心系統和其他業務系統輸出入等處理的工具。雖說是工具，但規模從大到小，種類繁多。

如**圖 1.4** 所示，RPA 能夠發揮連結辦公室自動化工具、業務系統、核心系統等的作用。

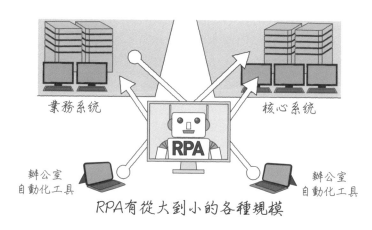

業務系統　　　　　　　核心系統

辦公室　　　　　　　　　　　　　　辦公室
自動化工具　　　　　　　　　　　　自動化工具

RPA有從大到小的各種規模

圖 1.4　RPA 的作用是連結辦公室自動化工具、業務系統、核心系統

1.1.5 RPA 不是很難的軟體

藉由上述說明，應該可以了解 RPA 的概要了。

只要想著 RPA 是「自動執行定義好的處理」，就知道這其實不是很難的軟體或系統。

本書以這項定義為前提，繼續進行後續說明。

1.2 ‖ RPA 的效益不只是降低成本

1.2.1 降低成本和資源移轉

關於 RPA 的效益，報章雜誌、書籍、電視等各種媒體已經提及。RPA 一詞隨著這股潮流，逐漸廣為人知。

2017 年 9 月開始，《日本經濟新聞》早報介紹大型金融機關導入 RPA 時制定的經營戰略和相關措施，也有很大影響。

根據報導，率先推動導入 AI 和 RPA 的大型金融機關將定型化的文書處理操作替換為 RPA，以期減少人事成本，或者將負責這些業務的人力移轉到處理客戶關係的前台和新事業。

1.2.2 用數字來思考看看

接下來，以具體數字為例來思考降低成本的問題。

假設現在有專人負責定型化的資料輸入和核對，工作時間是一般的八小時。

然而，實際上員工並非一整天都在輸入資料，還要做這些資料的文書整理、搬運、內容確認，以及開會等其他工作。因此，花在資料輸入和核對的真正時間約五、六小時。

假定企業支付這名員工的時薪，包括各種補貼共 4,000 日圓。用於資料輸入和核對的時間是一天五小時，每個月工作二十天，一個月的費用是 40 萬日圓，一年就是 480 萬日圓。

在日本，為了替換一個人的電腦操作，導入一套 RPA 軟體的費用是一年 100 萬日圓上下（參見 1.8），與 480 萬日圓相比非常便宜。這個想法不過是舉例，但看起來的確能降低成本。

像這樣主要負責輸入和核對資料的人很多的話，降低成本的效果顯而易見（圖1.5）。

人

資料輸入

工作日20天×12個月＝480萬日圓

5小時
@¥4,000×5＝¥20,000

RPA

一年使用費　例：100萬日圓

一年省下380萬日圓成本

圖 1.5　降低成本示意圖

1.2.3 有助提高生產力

請回想 1.1.1 所述，RPA 是「自動執行定義好的處理的工具」。

自動執行定義好的處理，也有助於提高生產力。生產力提高，意指工作量和工作時間不變，但生產量增加。

這裡以具體的範例來思考。舉例來說，人工將 Excel 工作表上五個欄位（儲存格）裡的資料，複製貼上輸入至業務系統。

接下來，進一步將各項作業細分為如下數值：

- 複製 Excel 儲存格裡的資料一秒
- 貼到業務系統的欄位裡兩秒
- 複製貼上五個項目後，目視確認並點擊業務系統上的執行按鈕十秒

五個項目每一次的輸入和確認總計二十五秒。一天要花上數小時來持續處理大量資料的話，這應該是合理的標準作業時間。

若使用 RPA，最後不需要進行目視確認，可以在短時間內執行這些處理。

即使用 RPA，複製 Excel 儲存格並貼到業務系統欄位的時間，也和熟練的人工操作無異。不過，RPA 是（正確、確實且自動地）執行定義好的處理，不需要目視確認，能夠大幅縮短作業時間。因此，的確可以提高生產力（圖 1.6）。

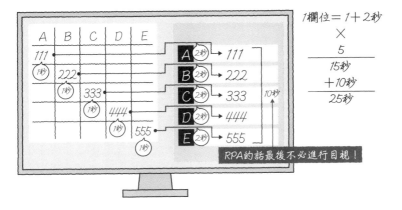

圖 1.6 提高生產力範例

1.2.4 機器人特有的優勢

　　人會因疲累或身體狀況等而使操作所需時間不同，軟體機器人不會有這樣的變化。RPA 是軟體機器人，所以不會疲勞，能夠以一定的速度默默地自動執行定義好的處理。

　　當輸入和核對等的件數眾多，或這類操作耗費的工作量和時間龐大冗長，RPA便能發揮非常大的威力。

1.2.5 促進工作標準化

　　從開發者的觀點來思考比較容易理解，請想像一下將各式各樣的電腦操作替換為 RPA 來定義各種處理。

　　舉例來說，要替換一百件操作，不需要做一百個定義。只要是相似的操作，就能直接引用原有定義來進行設定。

　　像這樣處理的結果，一百件操作可概括為四十件。

　　藉由有效率地設定定義，即使是以往未經手過的終端裝置操作這樣的企業流程領域之一，最終也能推動達到標準化和一致化（圖 1.7）。

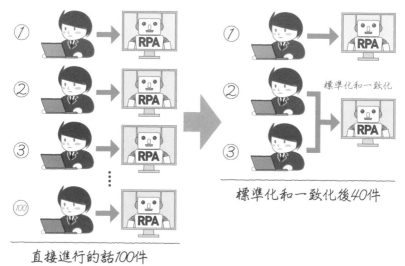

圖 1.7　推動標準化和一致化

◉元件化是必要的

上面提到標準化和一致化，在系統開發中，會將共通的功能元件化以應用於其他用途。這是評估導入 RPA 之前不太容易留意到的地方，推動開發的過程中會發現這種「沿用」和「元件化」價值巨大。

之後會說明，「元件化」是 RPA 開發必需的。

RPA 產品也提倡元件化，並設定各自特定的名稱來管理元件。

1.3 ‖ 軟體的物理架構

確認 RPA 的定義後，接著來看看 RPA 做為一種軟體的物理架構。先從型態來看，有助於後續的理解。

1.3.1 軟體的集合體

RPA 不是單一的軟體，而是各具作用的數個軟體集合體。

基本上，RPA 包含執行機器人動作的檔案及其他功能，主要由下面四種軟體組成：

- 機器人檔案
- 執行環境
- 開發環境
- 管理工具

來分別詳細看看這四種軟體吧。

◉機器人檔案

RPA 機器人的執行檔。開發者在開發環境中定義機器人的動作，使其能自動執行的檔案。

◉執行環境

機器人檔案專用的執行期（runtime），以執行機器人檔案的程式。和機器人檔案一起安裝到想運作機器人的終端裝置。

◉開發環境

第 6 章會詳細解說，各產品為了生成機器人檔案的特定開發環境。

雖然開發環境的細微功能和名稱隨 RPA 產品而異，但從廣義的角度來看，提供的功能相同。

◉管理工具

　指示機器人檔案開始或停止運作、設定排程、設定運作順序、確認進度狀況等，都是藉由管理工具來進行。

　機器人檔案生成後，在管理工具中進行設定。

　總結如圖 1.8 所示。

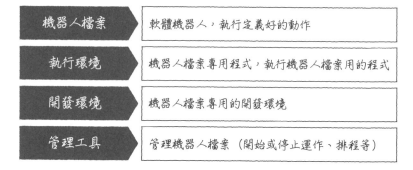

圖 1.8　組成 RPA 的四種軟體

1.3.2　依產品而異

　高功能的產品有圖 1.8 的所有四種軟體，但隨產品不同，也可見包含機器人檔案和其他軟體的產品。此外，小規模的產品有時沒有管理工具。

　然而，像這樣以四種角度來檢視，容易比較各項產品。

1.4 ║ RPA 的系統架構

1.4.1 兩種系統架構

RPA 大致有兩種系統架構。

一是單一桌面架構,在個別的電腦裡安裝並系統化。

另一種是透過伺服器集中管理,以工作群組來系統化的架構。

下面詳細檢視這兩種架構。

1.4.2 單一桌面架構

如圖 1.9 所示,在單一桌面安裝機器人檔案和執行環境來運用。

圖 1.9　桌面的系統化

　　不管是一台電腦還是多台,各機器人檔案獨立運作。此外,必須有個地方來建構開發環境以生成機器人檔案。

　　雖然可以利用伺服器和用戶端兩者，但這裡進一步細分為集中管理和主從式架構（client-server model，又稱「用戶端—伺服器架構」）兩種型態。

◉集中管理

　　在伺服器配置管理工具和多個機器人檔案，各桌面在虛擬環境叫出伺服器裡的機器人檔案來執行的架構（**圖 1.10**）。

　　各桌面運用機器人檔案時，是從伺服器取得機器人檔案和執行環境來執行。換言之，就是在虛擬桌面（virtual desktop）上精簡用戶端（thin client）和伺服器的關係。

　　如此一來就構成集中管理。當然，這裡也需要開發環境。

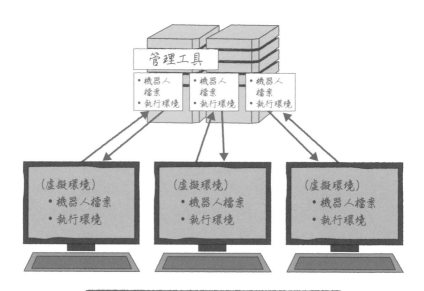

圖 1.10　透過伺服器的集中管理

◉主從式架構

在伺服器安裝管理工具、桌面安裝機器人檔案和執行環境的架構（**圖 1.11**）。
需要機器人運作的桌面有機器人檔案和執行環境，伺服器裡則有管理工具。

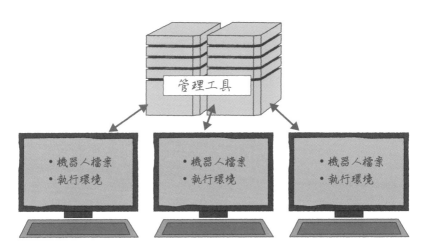

圖 1.11　主從式架構

　　集中管理和主從式架構在功能上沒有太大差異，但集中管理在運作管理和安全
政策的應用等，具有能夠有效治理（governance）的優點。

　　近年來，導入精簡用戶端的企業組織逐漸增加，可以預估未來在伺服器端設置
虛擬環境機器人的架構將會增多。

1.5 RPA 的應用場景

1.5.1　可以應用 RPA 的場景

　　具體而言，RPA 的應用場景包括資料輸入和改正、資料核對、資料輸出，以及執行應用軟體等（表 1.1）。不管哪一項，都是機械化、定型化的操作，操作及執行時不需要操作者進行判斷和思考。

　　若有大量的處理資料或交易（transaction），做相同工作的操作者眾多，RPA會產生顯著的效益。

表 1.1　RPA 的應用場景

操作	概要	範例
資料輸入和改正	• 參照其他系統或應用軟體等的資料，將資料輸入該系統 • 個別或者統一改正或更新已輸入的資料等	• 將 Excel 工作表上的資料複製貼上到業務系統的輸入畫面 • 邏輯明確的資料改正
資料核對	將已輸入的資料與其他資料進行對照和確認	確認原有的資料與新輸入的資料是否一致
資料輸出	同上，透過其他系統輸出資料、指示列印等	將從業務系統匯出生成的檔案附加在電郵裡寄出
執行應用軟體	人工式點擊系統的按鈕等來執行應用軟體等	點擊系統畫面的命令按鈕來執行處理

※ 除了上述範例之外，其他還有各式各樣的應用場景。

1.5.2　資料輸入的範例

　　關於資料輸入，RPA 能應用於各種情況。

　　舉例來說，複製 Excel 工作表特定儲存格的值，再依序貼上到業務系統的特定欄位（圖 1.12）。從左邊 Excel 的儲存格複製到右邊的業務系統。

　　圖 1.12 的左側是 Excel，但也可以想成從某個業務系統將資料複製到其他業務系統。

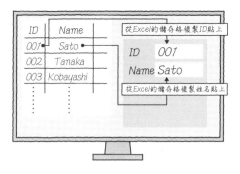

圖 1.12　從 Excel 複製到業務系統

1.5.3　資料核對

　　和上述資料輸入的角度相反，要了解在業務系統中輸入的資料是否正確，參照其他系統的資料或原輸入資料的 Excel 儲存格，來比較兩者的值（圖 1.13）。若值相同，表示輸入正確。

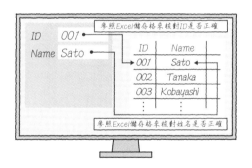

圖 1.13　資料核對

　　人是用「眼睛」所見來確認，有時無法正確辨識符號或字串。然而，RPA 是軟體，不會有這類失誤。當然，關於符號和字串的確認方式及定義，從設計階段就必須正確設定。

　　這裡列舉了常用場景的代表範例，也就是資料輸入和資料核對。除此之外，還有將資料輸入至 ERP 套裝軟體的 RPA 應用範例等各種細微的實務操作。

1.6 ║ 綜觀應用場景

1.6.1　業務系統周邊作業 RPA 化

有些做法是利用辦公室自動化工具,來與業務系統的資料輸入等配套(**圖 1.14**)。案例包括利用辦公室自動化工具來維護要輸入業務系統的資料、提升輸入效率的準備作業等。

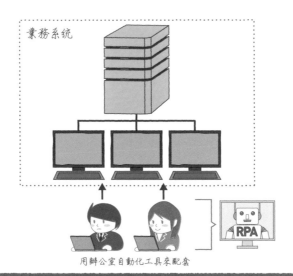

利用辦公室自動化工具來維護要輸入業務系統的資料

圖 1.14　業務系統周邊作業 RPA 化

1.6.2　業務系統間的作業 RPA 化

在多個業務系統與核心系統等之間,操作者使用辦公室自動化工具等,將資料輸入等工作 RPA 化(**圖 1.15**)。這是操作者做為中間橋梁,同時使用多個系統或應用軟體的例子。

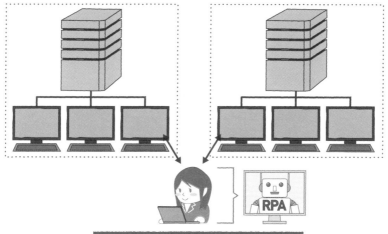

操作者使用辦公室自動化工具等
將資料輸入等工作RPA化

圖 1.15　業務系統間的作業 RPA 化

1.6.3　未系統化的工作 RPA 化

　有些企業長年以辦公室自動化工具的人工作業為主，沒有業務系統，開始推動
將 RPA 導入系統未及之處。對從未系統化的作業來說，有一定的難度。

　針對個別客戶生成請款單等，像這樣重視「個別」的客製化措施很多，無法用
固定的步驟來進行常規業務，所以很難設計業務應用軟體。基於這些原因，改用
Excel 或 Word 等來處理業務。

　關於上述業務系統周邊、業務系統之間，以及沒有業務系統之處這三種導入場
景，接下來依序解說。

　不管哪一種，從效率化的可能性來看，都可謂「接合邊緣」般的最後領域。對
企業組織的業務系統化來說，很大意義上是到達離終點很近的地方，甚至可說是
只剩下這個領域尚未效率化。

1.7 導入作業的順序

企業組織考量導入 RPA 時，推動導入的業務範疇有一定的順序。一開始從不會對客戶造成影響的公司內部輕負荷業務部署，接著是內部的常規業務，然後是客戶導向的業務，依此流程部署。

1.7.1 公司內部的輕負荷業務

運用 RPA 時，先從資訊共享、部分後台作業文書處理等負荷較輕的業務開始導入（圖 1.16）。也就是先在一部分的部門或組織導入，之後再部署至客戶關係業務。

圖 1.16 資訊共享和後台作業文書處理

1.7.2 常規業務

接下來，將 RPA 導入企業的常規業務，包括業務系統的資料輸入和資料核對、文件和文書的管理等。也就是與銷售沒有直接關聯的內部業務。

這裡進一步分為兩階段：限定於公司內部系統的階段，以及與外部系統協作的階段。

1.7.3　客戶導向的業務和流程

　　將 RPA 導入與客戶交易相關的流程時，由於涉及訂單和銷售等，與金錢或契約有關的交易流程，必須具備可靠性。

　　截至目前為止說明的導入順序，如圖 1.17 所示。並非所有企業組織都依這個順序導入 RPA，不過大致上依此方式部署。

①公司內部的　②公司內部的　③客戶導向的
輕負荷業務　　常規業務　　業務和流程

圖 1.17　RPA 的部署順序

1.8 ‖ 導入成本

1.8.1 可以用較便宜的費用導入

在日本導入 RPA 的成本大約是多少呢？從基礎小規模的例子來看吧。這裡列舉的是非常粗估的金額，僅供參考。

如果是替換一名操作者的作業，一年 100 萬日圓左右；若是小規模團體，一年數百萬日圓左右就能導入。

RPA 軟體基本上是以一年授權來設定價格。今後隨著產品或服務的多樣化，以及 RPA 產品的競爭等，整體成本可能逐漸降低。

◉替換數人的工作（1）

例如，將三名操作者負責的資料輸入和核對等工作替換為 RPA（圖 1.18），思考將 RPA 導入三台桌面的情況。

這時需要一組開發環境，再加上讓機器人檔案運作的環境三組。假設一組開發環境和執行環境是 100 萬日圓，一組 50 萬日圓的執行環境需要兩組，粗估預算約 200 萬至 300 萬日圓就十分充裕。

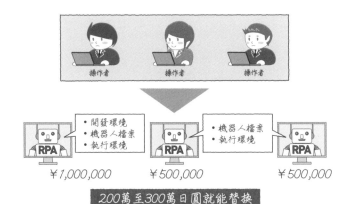

圖 1.18　替換三名操作者（沒有管理工具）

●替換數人的工作（2）

人數同樣是三人，就像管理者要管理三個人的情況，來思考一下用管理工具集中管理三台機器人的系統架構（**圖 1.19**）。

這也是假設情況的預估金額，除了開發環境和執行環境的費用，再加上在伺服器安裝管理工具，總計 400 萬至 500 萬日圓就能替換。

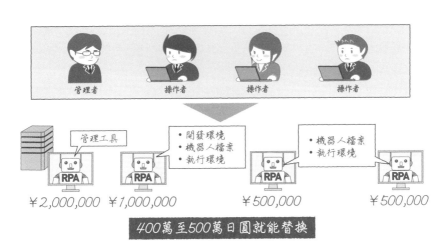

圖 1.19　替換三名操作者（有管理工具）

1.8.2　自行開發與委外開發

上述兩個範例只是自行開發的例子。如果不是自行開發，而是委託產品供應商或系統整合商開發，現有企業流程和導入後新企業流程的設計及整體的導入支援等委託諮詢顧問，再加上這些作業的話，費用就不只數百萬日圓了。

這裡試著整理出實際上可能參與的外部協力者：

- 計畫制定支援⋯⋯⋯⋯⋯⋯⋯ 諮詢顧問
- 導入支援⋯⋯⋯⋯⋯⋯⋯⋯⋯ 諮詢顧問
- 機器人的設計和開發⋯⋯⋯⋯ 產品供應商、系統整合商
- 系統整體的設計和開發⋯⋯⋯ 系統整合商

即使是小規模的業務，視情況也會含括上述的人員編制。

當然，這並非全部的職務，以公司本身的優勢能力來推動的企業確實越來越多。其中也有企業以沒有系統開發經驗的人為對象，透過教育和實踐來培養重要的戰力。

也許有人會疑惑為什麼需要諮詢顧問或供應商。這裡補充說明，現在各企業的系統導入，結束概念驗證（proof of concept, POC）後，多半希望推行至整個部門、其他部門，乃至企業整體。因此，已經推動導入 RPA 的企業，有時會觀察之後的部署，在制定計畫時推動納入外部協力者。關於全公司導入和大規模導入，詳見第 7 章的解說。

1.9 ‖ RPA 是業務效率化的最後手段

透過資訊科技來實現業務效率化的對策，構成一連串的流程，接下來述說這段過程的「歷史」。能夠外包的業務就委外，外部能因應的業務就在外面執行，最後剩下就地部署（on-premises）的作業則利用 RPA 或 AI 等來尋求效率化。

1.9.1 企業流程委外

將公司本身企業流程的一部分持續委託外部專門的公司，稱為企業流程委外（business process outsourcing, BPO）。代表性範例包括客服系統和人事行政相關業務等，高度的系統或設備維護、甚至人力資源，相關業務有時也會整個委託給專門的委外公司。

特別是客服系統的企業流程委外，1990 年代客戶關係管理（customer relationship management, CRM）系統出現，進入 2000 年代後開始有 IP（網際規約）電話服務等，擴大了市場規模。客服系統的業務，對於詢問等的回答內容本身，隨企業而異。然而，對於客戶來電的應答，業務推動方式大致是相同的，所以能夠彙整出應答內容，就能藉由委外來尋求效率化（圖 1.20）。

電話

應對
（回答）

業務進行方式大致相同，所以可促進效率化

圖 1.20　不管是哪個客服系統，應答來電這點都是一樣的

1.9.2　行動裝置

行動裝置由於終端裝置和網路基礎建設（internet infrastructure）兩者的技術進步和普及，大幅革新了業務效率。日本從 1999 年的 i-mode 開始，若是簡單的作業，用行動電話就能處理。〔譯注：i-mode 是日本移動通信企業 NTT DOCOMO 提供的服務，用戶只要使用 i-mode 對應機種的行動裝置，就可以收發電子郵件並瀏覽網站，行動裝置上網服務先驅〕

在此之前，各企業在公司外面使用很重的專用行動式終端裝置，回公司後再上傳下載資料。i-mode 出現，使得即使在公司外面也能即時處理資料。

更進一步，2008 年以降，iPhone 和 Android 行動電話上市，讓市場更為擴大。2010 年以降，iPad 和 Android 平板電腦發售，加速了這個趨勢。當然，隨著這些終端裝置的進化，網路基礎建設也持續發展。

行動式終端裝置和解決方案的進化，使得以往必須回到辦公室才能處理的工作，現在不管是外出或在遠處，都能像在公司裡一樣即時處理，大幅促進了業務效率化。

1.9.3　雲端

前文說明了將整個業務委外的企業流程委外，以及在外也能處理業務的行動裝置。另外，也有將資料本身放在外面來推動效率化的趨勢。這就是所謂雲端運算（cloud computing，簡稱雲端）。

「雲端」一詞，據說是 2006 年時任 Google 執行長的艾瑞克‧施密特（Eric E. Schmidt）率先提出的。

藉由有效運用外部系統來處理一般的業務或資料，推動了業務的效率化。

1.9.4　業務套裝軟體

最後用業務套裝軟體來檢視效率化的流程。雖然只是概略的說法，在各種業務中導入套裝軟體來尋求效率化的趨勢，始於 1980 年代後半。從今日的角度來看，可說是最熟悉的業務和系統效率化。

具代表性的範例是 1990 年代開始流行的 ERP 套裝軟體。

ERP 套裝軟體能將會計、行政、生產、銷售等企業的核心資料即時協作處理，所以許多企業導入，業務標準化和即時化大幅推動了效率化。

1.9.5 最後的領域

至此介紹了為了促進效率而導入的資訊科技，對導入這些科技的企業而言，能實現就地部署業務最後的效率化手段，就是 RPA 了（圖 1.21）。

行動裝置

ERP、業務套裝軟體

雲端

RPA

企業流程委外

圖 1.21　RPA 在就地部署的最後領域

調整關於 RPA 的說明

為了讓更多人了解 RPA，筆者致力於推動企業組織運用 RPA，並撰寫 RPA 相關連載文章和書籍等，對 RPA 的說明如下。

●至今的定義

RPA 定義為「用軟體機器人來提高工作效率的工具」。軟體化的機器人辨識顯示於終端裝置的應用軟體和業務系統，執行和人一樣的操作。

● RPA 的意象

人是對著電腦工作。這些工作中的機械化、定型化的資料輸入和核對等，可以替換為機器人來自動執行。甚至將機器人變為軟體，安裝在電腦中。如此一來，人所進行的一部分工作可由軟體機器人代理（圖 1.22）。

圖 1.22　將機器人替換為軟體

在企業等實際應用的場景中，RPA 大多執行機械化和定型化的操作，所以上述說明符合實際應用情況。

●本書的定義

至今的定義與 1.1 所述，RPA 做為一種軟體的特徵所做的說明不同。

本書特意試著從不同的定義開始。如果是熟悉軟體或資訊系統的人，新定義可能更簡潔明瞭。

第 2 章

RPA 的趨勢和效益

2.1 ‖ 影響 RPA 的趨勢

2.1.1 RPA 的市場規模

關於 RPA 的市場規模，眾多研究機構和顧問公司發表研究結果，預估 2020 年日本的 RPA 市場規模會超過 1 兆日圓。

以日本為例，有些大型企業為了在全公司導入 RPA，投入數十億日圓或更多預算。若是眾所周知的業界龍頭企業每一家投入數十億日圓預算，總額輕易超過 1 兆日圓。

此外，還有準大型企業、中型企業和中小企業。東證一部（相當於台灣的第一類股）上市企業約兩千家，如果出現全公司導入的趨勢，可想見市場規模龐大。

東證一部上市企業全公司導入所需的投資額，每一家最少估計需要 10 億日圓，總計 2 兆日圓（**圖 2.1**）。

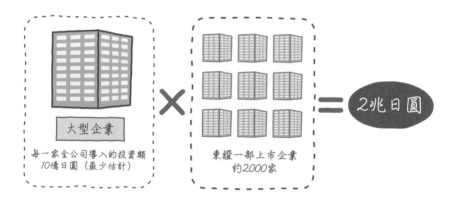

圖 2.1 市場規模：單純以東證一部上市企業做乘法計算的範例

2.1.2 市場和業種別趨勢

驅動日本市場導入 RPA 的是金融機關。特別是大型金融機關以眾多的客戶數和交易數為傲，即使已高度系統化，日常文書處理工作量依舊龐大。

近年來，金融機關高揭 FinTech（金融科技）的大旗，搶先研究 AI、大數據、區塊鏈等多樣化的數位科技，同時為了業務效率化和提高生產力而研究 RPA，並致力於開發新事業和新服務。

關於 RPA，雖然金融機關領先一步，但大型製造業和服務業等開始導入，公家機關等也持續評估（圖 2.2）。

圖 2.2　RPA 的導入情況

2.1.3　企業整體的趨勢

從業種趨勢來看，多數人關注的可能是在整體企業組織導入和評估，比如自己所屬的企業組織導入 RPA 的進展是否太慢。具體而言，可分為下列四種情況：

①推動全公司導入
②推動部門導入
③正進行概念驗證
④評估未來是否導入

現階段日本大型金融機關的巨型銀行（Mega Bank，三菱 UFJ 金融集團、瑞穗金融集團、三井住友金融集團）和保險公司等，有些是①推動全公司導入。這些企業是領頭集團。接著是各企業組織，持續在②推動部門導入、③正進行概念驗證、④評估未來是否導入的階段。

概念驗證的英文是 proof of concept，縮寫為 POC，以往稱為實證實驗。

從整體企業組織的觀點來看，③和④是數量最多的吧。

在概念驗證或評估中的企業，未來也會加入全公司導入或部門導入的行列吧。

2.1.4 社會的需求

RPA 的導入，不只被視為個別企業組織解決問題的方法，也能為以前就提出的「勞動力不足」、「勞動成本上漲」、「實現工作方式改革」等產業界核心課題提供解決方案（圖 2.3）。

更詳細說明，這三項課題是：少子高齡化造成的勞動力不足，在物流界也形成話題、肇因於人手不足的勞動成本上漲，進一步實現工作方式改革。

近年來，RPA 做為工作方式改革的解決方案而特別受到矚目。

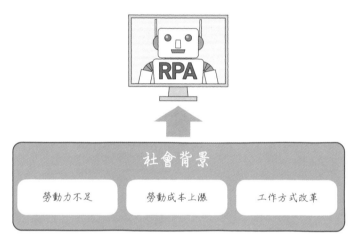

圖 2.3　因社會問題而對 RPA 的期待

2.1.5 因應工作方式改革

RPA 不僅能替代人類進行機械化和定型化的操作，費用確實也比人事成本低。再者，透過從簡單的工作中解放和縮短勞動時間等，可以實現轉而進行有創意的工作，或是不受時間限制的多樣化工作方式。

RPA 具有因應社會問題或需求的一面。另一方面，如果認為或期待只要導入 RPA 就能簡單地產生巨大效益，可說是過於誇大 RPA 本身的價值。

2.2 ‖ RPA 也能解決人手不足問題

2.2.1 直接解決式

RPA 能為勞動力不足的問題提供具體的解決方案,包括直接解決式和間接解決式。

如果是像 1.5 提到的,人手不足的工作是資料輸入、改正和核對等,不需要聘雇人員,導入 RPA 就能解決(圖 2.4)。

在日本,雇用一個人,包括社會保險(相當於台灣的健保)等費用,每個月最少要花費數十萬日圓。相對地,導入 RPA 來替代一名操作者的操作,一年 100 萬日圓左右,最初的導入費用只需花費雇用一個人的前兩三個月薪水。

圖 2.4　直接解決式:不是徵才而是 RPA

如果直接借助 RPA 就能解決人手不足問題,無須仰賴徵才廣告,導入 RPA 即可。就像教導剛進公司的新人工作一樣,對 RPA 定義具體的操作並執行。

間接解決式

　和前述範例不同的是間接的因應方式。原本負責資料輸入和核對等的 A 被派到人手不足的單位，而替代 A 的是 RPA，這種做法也能解決人手不足的問題（圖 2.5）。

　做為企業組織資源移轉的一環，為了把資源移到其他工作，出現將現有的工作交由 RPA 處理的構想。然而，如果是為了解決突發狀況導致的人手不足，很難有運用 RPA 這種臨機應變的想法。

　首先，要先做好心理準備。

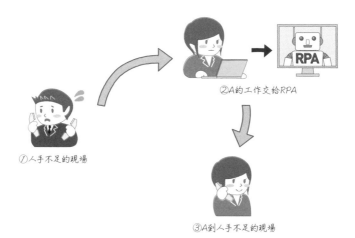

②A的工作交給RPA

①人手不足的現場

③A到人手不足的現場

圖 2.5　間接解決式：A 的工作交給 RPA，A 到人手不足的現場

2.3 ‖ 2020 年之前「7% 的工作消失」?

2.3.1 OECD 的預測

《日本經濟新聞》頻繁刊登 RPA 相關報導。2018 年 3 月 11 日的早報,刊登了標題為「7% 的工作會消失?」的報導,內容是關於 RPA 和日本勞動市場。

報導中提到,根據經濟合作暨發展組織(OECD)的預測,日本勞動人口 7% 的工作將在 2020 年因自動化而消失,而且 22% 的工作內容將大幅變動(**圖 2.6**)。

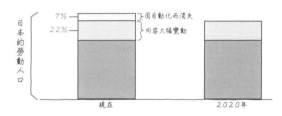

圖 2.6 日本現在與 2020 年的勞動人口

此外,日本生產性本部(相當於台灣生產力中心)的資料顯示,日本的勞動生產力「日本的附加價值總額(國內總生產)÷ 勞動者數」在 OECD 三十五個會員國中排名二十一,停滯不前。與世界各國相較,日本仍有提高生產力的空間。

2.3.2 人力資源重新配置

除此之外,現在各產業都有人手不足的問題,雖然我們的工作被機器取代的狀況尚未浮上檯面,但如果面臨景氣衰退而雇用情況惡化的局面,徵才也會集中在高附加價值的工作。

2018 年 1 月,日本一般行政職的甄選率(selection ratio,錄取率)是 0.41 倍的供過於求狀態,開發技術者是 2.38 倍,資訊處理和通訊科技者是 2.63 倍。人力資源應該分配到像後者這樣甄選率高的領域(**圖 2.7**)。

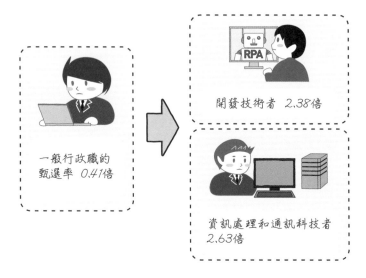

一般行政職的
甄選率 0.41倍

開發技術者 2.38倍

資訊處理和通訊科技者
2.63倍

圖 2.7　配置到甄選率高的工作

　　像這樣重新配置人力資源和提高勞動生產力，以便在國際競爭中取勝，RPA 和 AI 等的運用是不可或缺的。

　　將觀點移回商業場景，產業界、甚至個別企業組織和日本的落後狀況相同。

2.4 企業導入 RPA 的目的

前文介紹了甄選率等數值，顯示出整體的勞動力往高附加價值的工作移動。
本節彙整個別的企業導入 RPA 的目的。

2.4.1 RPA 的導入戰略

RPA 的導入戰略大致如**表 2.1**，分為四類。

表 2.1 四類導入戰略

導入戰略	概要
移轉人力資源	將人力從已經提高效率的業務，移轉到客戶關係相關業務
增加銷售額	因處理時間或流程的縮短而提高的處理量，與銷售額的增加有關
降低成本	隨著業務的自動化和效率化，能減少從事這些業務的人員
全球標準化	透過推動導入的過程，逐漸將業務單元化（unitization），即使是全球化企業也能推行業務標準化

根據筆者所見的各種企業推動狀況，最常被採行的 RPA 導入戰略似乎是移轉
人力資源。

2.4.2 RPA 的導入戰略範例

2017 年 11 月 15 日的《日本經濟新聞》早報，報導了瑞穗金融集團、三菱
UFJ 金融集團和三井住友金融集團透過導入 RPA，減少了超過數千人的業務量和
工作量，浮現出的人力移轉到其他事業。具體範例如負責擔任富裕階層客戶的資
產運用理專。

2.3 提到將人力從一般行政職移轉到資訊處理和通訊科技者，這裡的範例則是
將人力從一般行政職移轉到資產運用顧問。

接下來，2017 年 12 月 29 日的《日本經濟新聞》早報，介紹了大型人壽保險、
產物保險公司利用 AI 和 RPA 來改善業務。保險業的大型企業戰略趨勢，是運用

AI 和 RPA 來減少現有行政職的占比，將浮現出的人力投入新興領域。這是將一般行政職移轉到新興領域的範例。隨著業種和業界不同，人力移轉的領域也有異，但運用 RPA 來減少事務工作量這項目標是共通的措施。

OECD 表示，2020 年之前，7% 的工作會消失。若是全體業界都推行這樣的措施，也許能實現遠超過 7% 的數值吧。

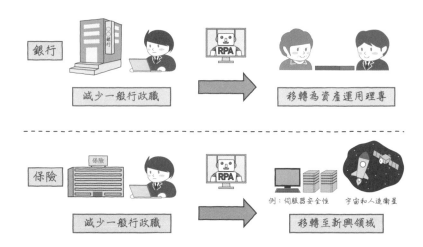

圖 2.8　銀行是人力移轉為資產運用理專，保險業是人力移轉至新興領域

◉不單是資源移轉

以上是用資源移轉的範例來說明，也有企業藉由提高處理量來增加銷售額、減少人員以降低成本，並以業務標準化為目標。

不管選擇哪一種導入戰略，執行定義好的處理並自動化的效益都顯而易見。

2.5 ┃ RPA 讓生產力倍增的企業組織

2.5.1 後台作業文書處理

在有大量的文書處理，且大半工作是資料輸入等多為機械化、定型化電腦操作的職場，透過導入 RPA，可預期能大幅提高效率和生產力。舉例來說，依照文件來輸入大量資料的後台作業，或是進行各種資料輸入和參照的工作，都能受益（圖 2.9）。應用在個別客戶導向的服務，需要輸入大量資料的職場等，也有讓生產力倍增的效益。

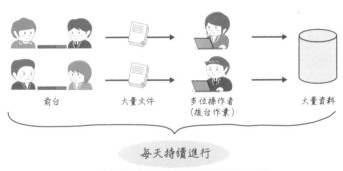

前台　　　大量文件　　多位操作者　　大量資料
　　　　　　　　　　（後台作業）

每天持續進行

導入RPA可預期能提高效率和生產力

圖 2.9　導入 RPA 也能讓後台作業的生產力倍增

生產力大幅提高的企業組織有下列共通點：

- 機械化、定型化的系統操作
- 大量資料
- 多位操作者
- 上述為每天持續進行
- 個別客戶導向的工作多

若符合上述條件，負責資料輸入和核對的人數多，投資導入 RPA 十分合理。

2.5.2 房貸業務的範例

房貸等提供給個人的貸款，是金融機關的重點服務之一。一般而言，日本的房貸流程如下：暫定申請、暫定審查、正式申請、正式審查、房貸契約、執行。

現在從暫定申請到執行融資通常需要一個月左右。執行之前的期間很長的話，客戶可能轉到其他金融機關申請。再者，如果能將流程時間縮短，就能簽訂更多契約，所以金融機關致力於縮短從申請到執行貸款的時間。

暫定審查階段，客戶會提供職業、年齡、物件等基本資料，接受審查。如果通過暫定審查，就進入正式的申請和審查。

有申請房貸經驗的人大概都知道，正式審查時，除了申請書，還要製作不動產抵押權設定、團體信用壽險申請書、貸款利率確認書等大量文件。此外，還有不動產買賣契約書、登記簿謄本等各種不動產物件資料，以及源泉徵收票、印鑑證明等，需要提交的文件非常多。〔譯注：「團體信用壽險」是指在日本以貸款購入不動產，如果貸款尚未清償而貸款名義人死亡或發生嚴重意外，壽險公司將代為清償剩餘貸款；「源泉徵收票」是日本企業在年底提供給員工的年度總薪資和扣繳額明細單〕

這些文件依據分類而有多個管理系統，進行相同資料的輸入、核對、移轉和連結等。

可運用 RPA 的作業範例，如下所示：

- 資料輸入
- 資料核對
- 將資料移轉至其他系統
- 參照其他系統的資料

房貸的業務和系統整理，如圖 2.10。導入 OCR（光學字元辨識，參見 4.5.1）促進早期階段的資料化，會讓 RPA 的導入更順利。

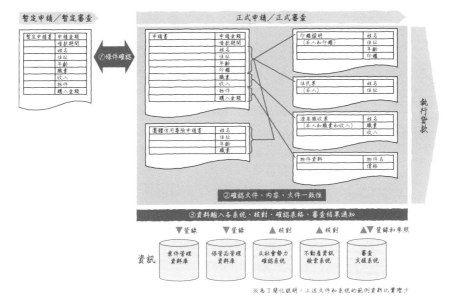

圖 2.10 房貸業務和系統現況

通過暫定審查階段的基本資料審查，就進入正式審查。正式審查階段，進入貸款案件管理時，也會做重要文件等保管品管理、反社會勢力風險調查、不動產物件再次確認、整合各審查項目的審查支援等，同時操作多種系統（圖 2.11）。

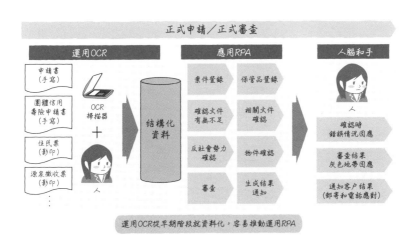

圖 2.11 房貸審查業務 RPA 化

在圖 2.11 中，各種資料和各個不同系統之間，是透過人來做為中間橋梁操作。

導入 OCR 與 RPA，就能大幅提高這些作業的效率。運用 OCR，能將各種文件資料化，生成結構化資料。現在藉由人來做為中間橋梁，運用 RPA 產生結構化資料，自動執行各系統的資料輸入和參照。如此一來，需要人腦和手來進行的操作或工作，只有錯誤情況因應、灰色地帶因應等部分業務。

2.5.3　房貸的占比

前面說明了房貸的業務和系統，做為參考範例。

對房貸是多項服務之一的企業來說，僅是將房貸 RPA 化，可能很難讓企業整體的生產力倍增。

然而，如果房貸是企業的核心服務項目，從圖 2.11 可知，將能讓生產力翻倍。更進一步一起導入 OCR 等，效益甚至更大。

在房貸等個人貸款業務的第一線，正階段性推動導入 RPA。導入的各企業效率和生產力皆大幅提高。

2.6 ‖ RPA 效益的真相

「RPA 可以產生驚人的效益」這類說明時有所聞。

報章雜誌、書籍等媒體也以具體的企業名和效益數值為例，指出可以達成 50% 的業務效率化、實現增加 150% 的生產力等。隨案例而異，有些成效比上述數值更好。

的確，許多人認為要達成超過 50% 或 150% 效益驚人的數值是可能的吧。

降低成本、業務效率化、提高生產力等，宣傳的 RPA 效益形形色色，本篇稍做彙整。

2.6.1　RPA 導入效益的真相

導入的效益是由下面的組合產生（**圖 2.12**）：

① RPA 軟體特性產生的效益

②機器人檔案的設計專門知識產生的效益

③系統整體的效益

④導入行動產生的效益

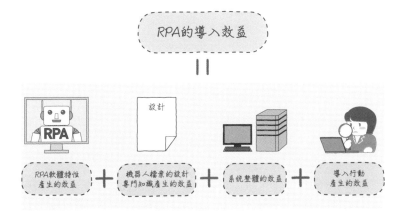

圖 2.12　RPA 導入效益的真相

事實上，相較於① RPA 軟體本身，②和③系統方面的效益，以及④導入行動
產生的效益，成效更大。

筆者也曾在各媒體上介紹 RPA 的效益，但未區分說明這些不同的效益。本書
以 RPA 的機制為基礎來解說，因此彙整為上述①～④來說明 RPA 的效益。

打個比方，將 RPA 本身視為食材，機器人檔案的設計和開發是烹調不同料理，
系統架構像是套餐，導入行動如同餐廳整體服務，以這樣的觀點來思考看看吧
（圖 2.13）。

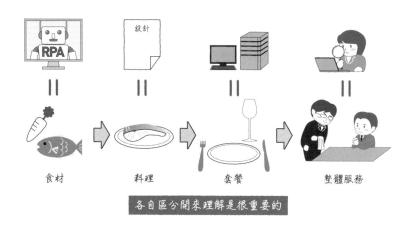

圖 2.13　從食材、料理、套餐和整體服務的觀點來思考

那麼，接下來詳細看看①～④吧。

2.6.2　RPA 軟體特性產生的效益

1.1.1 提過 RPA 是自動執行由開發者定義好的動作的工具。如果依照定義來執
行，就不會出錯。完成高品質的作業，完成後無須改正或再次確認。

再者，透過自動執行，輸入和核對等操作量也確實比人工操作更快。

軟體的上述兩項特性，對於效率化和提高生產力都有直接的效果。此外，當導
入的相關成本比以往人工操作的人事成本低，也有降低成本的效益。

為了方便討論，將 RPA 軟體特性產生的效益稱為一次效益（圖 2.14）。

圖 2.14 一次效益：RPA 軟體特性產生的效益

2.6.3 機器人檔案的設計專門知識產生的效益

以依照定義自動執行的特性為前提，機器人檔案可以設計成像迴圈一樣反覆處理並實機安裝，在人力休息的時間執行處理排程等，效率化和提高生產力的效益數值將更為顯著。

關於反覆處理和執行時間點的排程方法，機器人檔案的設計者和開發者也能運用至今的專門知識。

此外，如果能有意識地推動設計和開發的元件化，可以配合導入行動的標準化等，產生新的附加價值。

推展至其他業務或擴大到全公司時，可以預期標準化會產生甚至更大的效益。這種機器人檔案的設計產生的效益，稱為二次效益（圖 2.15）。

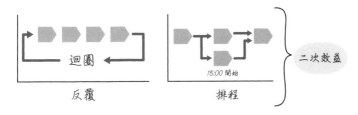

圖 2.15 二次效益：機器人檔案的設計專門知識產生的效益

2.6.4 系統整體的效益

將個別終端裝置的工作替換為做為工作群組的主從式架構來思考，透過虛擬環境提供整個部門使用的系統等，這應該可以與二次效益一併評估。

從申請書等報表開始的流程文書作業，目前的主流做法是不僅導入 RPA，也一併導入 OCR。另有部分趨勢是甚至導入 AI。

第 4 章會詳細說明，RPA 與 OCR 等的組合也會使系統整體產生很大的效益。這種系統整體的效益，稱為三次效益（圖 2.16）。

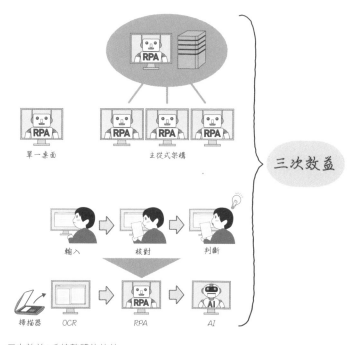

圖 2.16　三次效益：系統整體的效益

圖 2.16 的下方，是將資料輸入、核對、判斷所組成的流程，替換為 OCR、RPA、AI 的範例。

44

2.6.5　導入行動產生的效益

評估導入 RPA 時，需要將對象的業務、電腦和伺服器的操作可視化，區分出實際上可導入 RPA 的部分和不能導入的部分。

透過這個程序，就能將處理量多的作業或需要花時間的定型化反覆作業等設定為目標，把 RPA 推動導入至確實能提高效益的領域。

此外，進行可視化和業務分析的過程中，也能促進業務或操作的改善。

這種導入行動產生的效益，稱為四次效益（**圖 2.17**）。第 9 章會詳細說明。

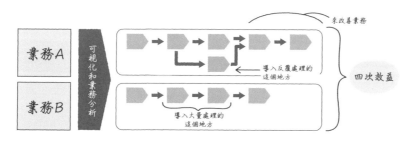

圖 2.17　四次效益：導入行動產生的效益

2.6.6　各種效益的關聯

統整檢視上述彙整的一次效益至四次效益，即可得知 RPA 的效益是整合一次效益至四次效益而得（**圖 2.18**）。

如果能透過具有四項效益的行動來尋求最佳化，提高 50% 的效率化和 150% 的生產力就不是夢想了。

圖 2.18　一次效益至四次效益構成整體的效益

彙整之後，RPA 的導入效益由下列四種效益組成：

- 決定導入至該業務時，推動導入行動的結果所產生的效益
- 將 RPA 和 OCR 等最佳系統導入至對象業務的效益
- 開發者的知識經驗在 RPA 設計開發時所產生的效益
- 自動執行 RPA 本身定義好的處理所產生的效益

從圖 2.18 可看出，相較於二次效益或一次效益，四次效益和三次效益的成效較大。

2.6.7　留意不要對效益照單全收

如果讓大家覺得「RPA 效益驚人」，的確很好。不過像前文所檢視的，僅靠 RPA 本身所產生的效益並沒有想像中那麼大。從效益的占比來看，為了導入所採取的行動產生的效益可能反而比較大。

因此，請留意只單純導入 RPA 這個軟體本身，並不會得到戲劇化的成果。由於有導入行動和對系統整體的努力，才能產生巨大的效益。

2.7 ‖ 效益大於不安

本節來看看領頭企業導入 RPA 時，對哪些地方感到不安。大致可總結為下列四點：

- 執行不如預期讓工作難推動怎麼辦？
- 機器人失控或閒置時的因應
- 沒人管理也沒問題？
- 變更或新增業務的維護

接下來分別詳細解說這幾點。

2.7.1 執行不如預期讓工作難推動怎麼辦？

不僅限於 RPA，導入新技術時都有這樣共通的煩惱。用 RPA 替代人工操作，會有這種疑慮理所當然。

這種不安和 2.6 所述的一次效益是一體兩面。可藉由學習 RPA 本身、在概念驗證時實際接觸來釐清導入的可行性，以及深入理解軟體的特性來應對。

2.7.2 機器人失控或閒置時的因應

關於 AI，一直有它是否會跨越剛開始設定的應用領域而失控的不安。

有些人對 RPA 有同樣的印象。如 1.1 的說明，RPA 是執行定義好的處理的軟體。只要定義沒出錯，就不會失控。這和 2.6 所述的二次效益是一體兩面。

不過，終端使用者沒有公布生成的機器人等，之後可能被閒置。整體而言，機器人檔案運作後，必須定時管理。從系統運用的觀點來看，這和三次效益有關。

需要注意的是，使用者自己做成的機器人該如何管理。至少，組織裡要共享在哪個終端裝置裡有什麼作用的機器人的資訊。

如圖 2.19 所示，任何人都能馬上察覺失控的機器人，但如果都沒人發現閒置的機器人，就太令人難過了。

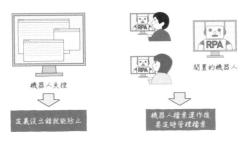

圖 2.19　機器人失控或閒置

2.7.3　沒人管理也沒問題？

剛開始導入通常不是立刻替換為 RPA，而是讓原先從事這項工作的人在系統旁邊待機。隨著導入的推動，原來負責操作的人力漸漸離開。

這也與設計和開發有關，系統開發和整體運用時，必須準備因應方案。將發生錯誤時的因應方法設計到系統裡，還有將 RPA 的操作和導入前的操作做成文件共享等，即使 RPA 無預警停止也能因應。

2.7.4　變更或新增業務的維護

運作後仍會出現一些需求，包括變更機器人檔案設定的行動、因應法規讓業務變動而變更機器人檔案、系列商品新增而增加機器人等。

要因應所有需求是很困難的。因此，導入行動中必須釐清業務變更和新增的頻率等需求。

此外，為了因應這些需求，必須預先設定維護的負責人或專責部門。

領頭企業擔心的事，和 2.6 說明的為了提高導入效益所採取的一連串行動是一體兩面。

如果能縝密地執行各項行動，一定能克服不安和擔心。

2.8 ‖ RDA 是什麼？

2.8.1 RDA 與 RPA 的不同之處

除了 RPA 之外，還有所謂 RDA。

RDA 是 robotic desktop automation 的縮寫，意為機器人桌面自動化，指單機電腦的自動化，或是單機電腦操作者的工作自動化。

相較之下，RPA 是流程的自動化。RPA 致力於業務整體流程的自動化，與 RDA 的使用有別。

RDA 是個人導向，RPA 是組織導向。

此外，單純以物理角度來區分，也有在桌面側運作的是 RDA、在伺服器側運作的是 RPA 的說法。

兩者的使用區別如圖 2.20 所示。

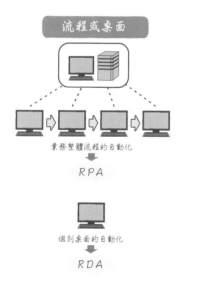

圖 2.20　流程或桌面、伺服器或桌面

RPA 軟體的使用區分

●資料庫的範例

已經推動導入 RPA 的企業不會只用一種 RPA 軟體，而是分別使用數個軟體。
來思考資料庫的範例。

如圖 2.21 所示，許多企業用 Oracle、SQL Server 等軟體做為核心或部門的資
料庫。那麼，部門裡的小規模工作群組或個人使用的資料庫該如何呢？

因為要求靈活變更，不需要太高度的穩固性，多半採用眾人熟悉的 Access。

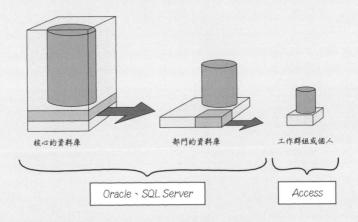

圖 2.21　資料庫的使用區別：核心、部門、工作群組或個人

● RPA 的情況

事實上，RPA 同樣會區分使用範圍。

以部分業務或個人為使用對象時，RDA 為主流；若為業務整體等規模，則選
擇能因應大規模業務的 RPA。

以圖 2.21 為例，把 RDA 放入 Access 的位置，RPA 放 Oracle 和 SQL Server
的位置。因此，會運用多個 RPA 產品。

第 3 章

RPA 的產品知識

3.1 ｜ RPA 相關產業

以資訊系統部門或開發者的立場來說，RPA 這樣的新科技該如何學習、導入時需要進行多少作業和費用，這些事項都必須事先確認。從 RPA 供應商提供何種服務的角度來看，比較容易理解。

這些服務是由產品銷售、進修、認證資格、諮詢顧問、系統建構、技術支援等組成。

3.1.1 產品銷售

軟體的銷售和使用契約，基本上以年為單位授權。舉例來說，適用於桌面的開發環境和執行環境，一個授權帳號 100 萬日圓等。也有一些產品是買斷式。

粗略估算，1.2.2 所述的資料輸入和核對業務，包含各項津貼的人事成本一年相當於 480 萬日圓，替換為只有執行環境的 RPA 只需 40 萬日圓（圖 3.1）。

被 RPA 替換的人力，能夠從事具創造性的工作。

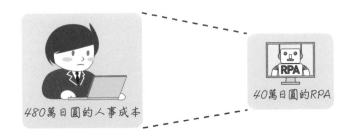

480萬日圓的人事成本　40萬日圓的RPA

圖 3.1　人事成本和 RPA 產品的價格

扣除開發環境的執行環境，費用是人事成本的十二分之一左右，筆者個人認為這不啻為合理的價格設定。功能豐富的產品，價格較高；功能有限的產品，不會太昂貴。此外，相較於一個人單獨運作的類型，也能接受管理者指示的類型價格較高，和一般而言能力強的人才則人事成本高是同樣的道理。

3.1.2 RPA 相關進修

產品供應商和協力者提供的產品進修。大多為集體進修的型態，各企業組織的人士參加。筆者也參加過這類進修，學習效率遠高於自學。

進修時能夠直接詢問講師，也能當場解決疑問。進修時間從數小時到長達兩週左右。費用不一而足，依進修內容而定。

有些進修會提供限定使用期間的訓練用軟體和授權帳號等，可以運用於進修後複習或向同事說明等。

除了上課日期之外，還有其他條件，務必事先詳細確認。

3.1.3 RPA 相關認證資格

做為技術者，為了證明具備專門知識，取得 Microsoft、Cisco、Oracle、SAP等的認證資格理所當然。和這些認證一樣，RPA 產品有各公司特有的認證制度（表 3.1），資格名稱也獨具特色。若專門從事這類工作，建議取得認證資格。

表 3.1 認證資格範例

產品	認證資格名稱（例）
Automation Anywhere	Advanced e-learning course on Robotic Process Automation
Kofax Kapow	Kofax Technical Solutions Specialist
Pega	Certified System Architect
UiPath	RPA Developer Foundation Diplomat
WinActor	Associate、Expert

現在的主流系統是先參加進修或自學後，再通過線上考試合格以獲得認證（圖3.2）。獲得認證資格者會取得 ID 卡，在需要時向企業組織出示 ID，證明自己具備專門技能。

有些認證在報名考試或發行認證證書時要付費，細節請個別確認。

從廠商的角度來看，為了支援在國外導入 RPA 系統的諾商等，需要具認證資格的情況越來越多。不久之後，也許不具認證資格便無法參加提案或競標。

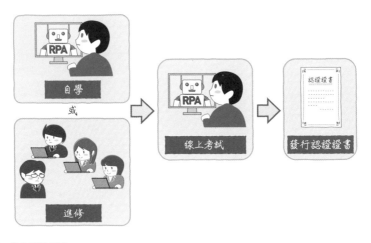

圖 3.2　線上認證考試

3.1.4　導入支援諮詢

剛開始將 RPA 導入至實際業務時，也許會感到不安。更進一步，全公司導入 RPA 等情況，一定更難以放心。

因此，評估具備導入相關經驗或知識見解的人力支援，是必然的課題。

為了因應這種情況，產品供應商、IT 廠商、顧問公司等，會提供關於導入支援的諮詢顧問。根據導入規模和期限長短，諮詢顧問所提供的支援內容和成果不同。雖然很難提出「大概這麼多」的具體金額，但會是合理的數字。

◉兩種諮詢顧問

關於 RPA 的導入，諮詢顧問已是習以為常的角色。

諮詢顧問大抵分為兩類。

①深耕業務和 RPA 系統的諮詢顧問

亦稱 RPA 導入顧問，提供下列服務：

- 選擇導入 RPA 的業務
- 現有業務的可視化和企業流程生成

- 導入後的企業流程生成和效益驗證
- RPA 軟體選擇的支援
- 導入的支援

②採取經營觀點的諮詢顧問

採取經營或全公司觀點的諮詢顧問，提供下列服務：

- 導入戰略和整體規劃的制定
- 從經營方針的觀點來思考效益驗證
- 設置專案管理辦公室（project management office, PMO）的全公司導入的管理

雖然以業務和經營的觀點來區分諮詢顧問，但也有提供堅實技術支援的技術諮詢顧問，後文會詳細說明。不過，後者是產品供應商現有的服務。

業務諮詢顧問主要負責對象業務和 RPA 導入的相關成果，經營諮詢顧問則著重戰略、整體規劃制定和管理。

3.1.5 技術人員派遣、技術支援

有時也包含諮詢顧問，但相較於整個導入流程，提供的是特定的服務，例如從技術觀點來看，在必要時機派遣技術人員、由技術人員對應 QA（quality assurance，品質保證）等軟體和系統開發（**圖 3.3**）。

客戶不熟悉 RPA 軟體或機器人檔案開發時，會派遣技術人員來因應，熟悉到某種程度後，用電話或電郵來對應 QA 便足夠。不過，請事先確認派遣技術人員的天數和 QA 支援期間。

截至目前，已經說明了與 RPA 相關的主要業務，RPA 供應商和協力者幾乎可以提供前述所有服務。當然，從使用者企業的角度來看，在公司內自行開發還是部分委託外部合作廠商，實際評估運用的服務不同。

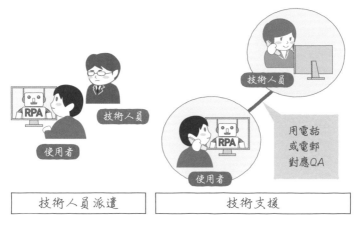

技術人員派遣 | 技術支援

圖 3.3 技術人員派遣和 QA 支援

3.1.6 概念驗證、相關試用

　　雖然媒體等報導了一些大型企業導入 RPA，但這項趨勢整體而言是從現在才開始。因此，有些產品供應商提供概念驗證或試用方案的服務。

　　舉例來說，可以利用兩三個月等一定使用期限的軟體試用服務、期限內附加 QA 支援的服務等。與一年授權或一般對應 QA 的服務價格相比，僅需幾分之一的價格便能使用。從「試用」的觀點來看，這種服務效益十足。

　　如果無法決定是否要導入，或是不知道如何選擇軟體或供應商，就值得評估這類服務。

3.1.7 展示會、研討會

　　相較於個別產品供應商提供的服務，專門舉辦展示會和研討會等的企業也會提供服務。

　　與其他技術和產品等相比，現階段 RPA 展示會的舉辦規模小又少，因應未來導入的企業組織增加，規模將變大，而且越來越多。

COLUMN

RPA 催生的新產業

　　人才派遣公司提案和提供所需人才的產業，如今已經非常普遍。把同樣的服務從提供人力替換為 RPA，可以在需要的時間提供需要的 RPA，不過這件事本身並非易事。

　　從 RPA 軟體和相關系統的專業評論來看，不久的將來也可能出現下列產業：

- 短期提供 RPA
- 代理維護機器人
- 像管理人力一樣代理管理機器人

　　取代人才派遣，安裝設定 RPA，或是代理管理、維護機器人整體等，的確是嶄新的服務。

3.2 ‖ 具代表性的 RPA 產品

3.2.1 主要產品

RPA 的代表性產品，包括 Automation Anywhere、BizRobo!、Blue Prism、Kofax Kapow、NICE、Pega、UiPath、WinActor 等。

這些產品有些是廠商直接銷售，有些則是和 IT 供應商合作銷售。

由於歐美開發的產品較多，多為英文頁面，當地語言的對應版本未來將會加速更新。

但除了 RPA 產品本身，有些產品還需要 SQL 等資料庫或 Citrix（桌面虛擬化）等軟體。這時需要準備 RPA 以外其他軟體的配置和費用，請多留意。

3.2.2 日本市場的先驅者

日本國內的 RPA 市場，由 RPA Technologies（RPA テクノロジーズ）的 Biz-Robo! 引領。

以導入企業數來看，NTT DATA 提供的純日本開發產品 WinActor 最多。

推動 RPA 的啟發和導入支援的顧問公司，包括埃森哲（Accenture）和德碩管理顧問（ABeam Consulting）等公司。

3.2.3 RPA 產品一覽

RPA 各產品的特徵如下所述。

◉ Automation Anywhere（美國）

RPA 先驅，功能豐富。建議與流程成熟度模型（process maturity model, PMM）BPMS（business process management system，企業流程管理系統，參見 4.7）協作，持續改善企業流程（3.4 說明線上學習）。

◉ BizRobo!（日本）

日本市場先驅，RPA Technologies 提供的產品。剛開始以 Kofax Kapow 為基礎打造，加上特有的功能，提供功能豐富的產品。機器人的腳本生成也能和 OCR 協作。

◉ Blue Prism（英國）

RPA 先驅，功能豐富。特徵是推動機器人的設計和開發一體化（第 6 章說明設計畫面，第 10 章說明安全性相關畫面）。

◉ Kofax Kapow（美國）

多樣化的系統可視為資料源（data source），旨在運用 RPA 來擷取資料進行整合和最佳化。機器人的腳本生成也能和 OCR 協作（第 6 章解說物件式範例，第 10 章說明運作管理畫面）。

◉ NICE（以色列）

特徵是推動機器人的設計和開發一體化。機器人的工作之間加入人的工作，也能管理與人的協作。

◉ Pega（美國）

產品基本概念是用 RPA 來支援 BPMS。業務分析和改善由 BPMS 進行，BPMS 無法處理的第一線操作改善由 RPA 負責（第 6 章解說程式設計式範例，第 10 章說明運作管理畫面）。

◉ UiPath（美國）

與 Windows 的相容性高，可以生成擷圖式直觀腳本（3.4 說明線上學習）。

◉ WinActor、WinDirector（日本）

完全由日本開發的產品，日文介面。提供豐富的函式庫，開發也很簡單的產品。導入企業組織數估計即將超過千家（第 6 章解說擷圖式範例，第 10 章說明運作管理畫面）。

補充說明，這裡介紹的各產品對應的版本是桌面系統 Windows 7 以降、伺服器為 Windows Server（須確認版本和等級）。有些產品對應 Linux 伺服器。細節請參見各公司和協力者的網站。

COLUMN
RPA 運作之際無法使用終端裝置？

　　RPA 一詞剛開始為人所知時，有說法指出當 RPA 執行處理之際，無法操作其他終端裝置。的確，因產品而異，有些產品會占用終端裝置的處理效能。

　　另一方面，有些產品在 RPA 執行處理時，容許其他應用軟體執行（圖 3.4）。

占用終端裝置　　　　　　　容許其他應用軟體執行

圖 3.4　占用和容許其他應用軟體

　　然而，即使是後者，也不建議同時執行其他應用軟體。原因是希望維持可以目視確認機器人檔案是否運作的狀況。

　　從結論來說，適切的說法是，RPA 運作期間，「不操作終端裝置≒不能使用」。學習 RPA 時，使用終端裝置期間，不要進行其他操作，專心學習較佳。

3.3 ‖ RPA 軟體的學習

對許多人而言，RPA 軟體是學習的第一個軟體，基本上是從零的狀態開始學習。本節說明學習 RPA 的方式。

3.3.1 學習、生成、使用

基本上，RPA 的學習依三步驟推動：學習→生成→使用（圖 3.5）。學習其他軟體的步驟基本上也是一樣的。

從學習 RPA 軟體內涵的概要和細節來看，本書可涵蓋大部分內容。

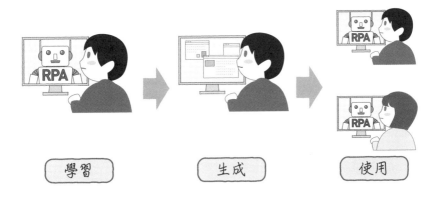

圖 3.5　RPA 的學習步驟是學習→生成→使用

RPA 是軟體機器人，所以其中以「生成」這個步驟最重要。因此，接下來著重集中說明「生成」。

以往，正規的學習方法一般是購買實際要用的軟體來學習。然而，現在已是網際網路時代，如何省錢省時地學習成為資訊系統部門和開發者的課題。因此，接下來以盡可能不必付費的學習順序來說明。

3.3.2　取得基本資訊

藉由書籍和報章雜誌的報導等來建構基礎知識。從報章雜誌來學習趨勢，從網站和書籍來學習導入手法和技術觀點，是不錯的方法。

RPA Technologies 贊助的 RPA BANK（https://rpa-bank.com/）網站上，可以獲知關於產品和服務的最新資訊，不過網站上也有一些廣告。

如果沒有經常有意識地接收資訊，會忽略報章雜誌的報導。在日常的工作或生活中，請務必稍微關注 RPA 的訊息。

此外，也可以在產品供應商或協力企業的網站等確認概要和詳情。

3.3.3　線上學習

有些產品有免費軟體，或者可以線上學習的學習用、評估用軟體（圖 3.6）（詳見 3.4 的說明）。透過線上學習，可以接觸 RPA 軟體，所以也能體驗「生成」的步驟。

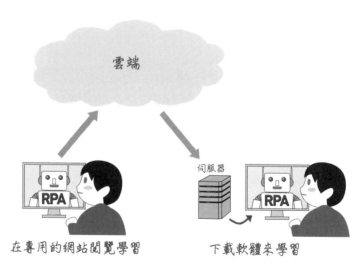

圖 3.6　透過線上學習可以接觸 RPA 軟體本身

3.3.4　購買產品

　　如果有預算，實際購買 RPA 產品來學習是最正規的方法。

　　購買產品的好處是，可以獲得產品的詳細操作手冊，且隨產品供應商而異，有些還提供 QA 對應或專屬負責窗口。藉由這些好處，可以加速「學習和生成」的進程。

3.3.5　進修課程

　　3.1.2 說明過，可以參加供應商提供的進修課程。雖然在日常工作中還要調整日程參加進修很辛苦，但能在短時間內學習，成效較佳。

　　如果想成為開發人員，建議參加進修課程。

3.4 線上學習的範例

3.4.1 UiPath 的線上學習

　　線上學習中較著名的是 UiPath 的「RPA Developer Foundation Training」（圖3.7）。這裡以日文介面為例，另有英文、簡體中文等版本。

　　線上自學式的免費訓練內容，以初學者為對象。透過概念說明、實際練習和問題，提供關於 UiPath 產品功能和技術的基礎資訊。

`URL` https://www.uipath.com/ja/rpa/academy

圖 3.7　UiPath Academy Training Program 的畫面

　　訓練由十四項課程組成，學習完成後有免費的結業測驗。七十分以上就能獲得「RPA Developer Foundation Diploma」的認證。

　　RPA Developer Foundation Diploma 是指具備 UiPath 產品基礎開發技能的人才。根據上過課的人的經驗，要具備基礎程式設計技能，需要二十小時左右的學習時間。

　　圖 3.8 是用電子郵件地址登入就能閱覽的課程頁面。

　　UiPath 的課程提供多國語言版本（圖 3.8 和圖 3.9），從能實際接觸 RPA 軟體範例的觀點來看，值得推薦。

圖 3.8　UiPath Academy 的課程畫面①

圖 3.9　UiPath Academy 的課程畫面②

　　圖 3.8 和圖 3.9 之後，開始應用軟體來學習的課程。

　　各項課程結束後，會有練習問題（**圖 3.10**）。透過練習問題，可以落實吸收知識。

圖 3.10　課程後的練習畫面範例

◉ UiPath 線上學習時的注意事項

　　根據在 UiPath 網站可以確認的「License Agreement」，企業下載課程用軟體來使用時，使用目的僅限於評估和訓練，請留意不可使用在實務上。這項服務很受使用者歡迎，因為不需付費就能實際使用產品。

3.4.2　Automation Anywhere 的線上學習

　　Automation Anywhere 是 RPA 先驅，也有提供線上自學式的訓練網站（圖3.11）。

　　UiPath 的課程是 Academy，Automation Anywhere 的課程則稱為 University。對訓練課程名稱的講究，表現出各家公司的個性。

URL https://www.automationanywhereuniversity.com/

圖 3.11　Automation Anywhere University 的畫面①

頁面往下滑，會看到如圖 **3.12** 所示的 RPA 概要說明。這項線上學習也是用電子郵件地址登入後，就能進入 Learning Portal 的畫面。

圖 3.12　Automation Anywhere University 的畫面②

Automation Anywhere 也能和 BPMS 協作推動，學習內容包含 BPMS 的要點（關於 BPMS，詳見 **4.7**）。

課程開頭有稱為流程成熟度模型（PMM）的企業流程分析。流程成熟度模型是做為持續性流程改善的基礎進行說明，接下來才進入 Automation 的說明。

R
P
A
的
產
品
知
識

3.5 ║ 免費的 RPA 軟體

3.5.1 RPA Express 是什麼樣的軟體？

和其他軟體一樣，RPA 也有免費軟體。本節介紹業界廣為人知的免費軟體 WorkFusion 的「RPA Express」。

根據 RPA Express 的「License Agreement」，這項軟體不僅可用來評估，也能使用在業務上。

WorkFusion 是 AI 相關的企業，戰略性地免費提供 RPA Express，目標是銷售 RPA 之後相關的產品和服務。

另一方面，3.4 介紹過的 UiPath 雖然可用於評估和訓練，但必須購買產品才能在業務上使用。

WorkFusion 和 UiPath 的商業模式差異，饒富趣味。

3.5.2 RPA Express 的畫面

使用 RPA Express 時，從圖 3.13 的畫面開始進入。

URL https://www.workfusion.com/rpa-express/

圖 3.13　RPA Express 的初始畫面

在點擊 [Download for free] 後顯示的畫面上登入電子郵件地址等資訊（圖 3.14），就會收到電子郵件。從收到的郵件來下載。

圖 3.14　RPA Express 輸入電子郵件地址等的畫面

下載軟體時，需要較高性能的電腦。

在當今這樣的時代，導入時一定會有「有免費軟體嗎？」或「首先想試試免費軟體」等意見。除了上述軟體，還有其他各式各樣的免費軟體，請查詢看看。

3.6 ‖ 關於學習的順序

常見的問題之一是：「RPA 和 RDA 應該先學哪一個」。

這是很難回答的問題。實際導入時，工作群組是學 RPA，單一桌面則學 RDA，因需求和使用方式而異。

這裡僅以「導入前的學習」這個觀點來思考看看。

3.6.1　物理條件的限制

如果是 RPA，姑且不論要安裝的終端裝置和學習用的終端裝置數量，都是導入至伺服器和桌面。因此，有需要伺服器的物理限制。

RDA 則是一台電腦就能使用。

3.6.2　費用差異

如第 1 章的說明，RPA 軟體包括能管理多個機器人的工具，所以軟體本身比 RDA 昂貴。

如果沒有閒置的伺服器（一般而言的確沒有呢），需要付費購買伺服器。

再者，RPA 多半需要資料庫等其他產品，要再加上這些費用。

因此，有多少預算就可能決定了選用什麼軟體。

RPA 與 RDA 的費用差異整理如下：

- 軟體本身的價差（有無管理多個機器人工具的差別）
- 準備伺服器的費用
- 準備資料庫等其他產品的費用

請先了解上述三點。

3.6.3 可行的是 RDA

考慮到 RPA 需要伺服器，再加上軟體較昂貴的難度，總之先從 RDA 來學習是較可行的選擇。沒有伺服器，也沒有管理工具，從 RDA 開始學習比較好。

從 RPA 和 RDA 的重點是機器人檔案開發的觀點來看，選擇先學習哪一個沒有太大差異。

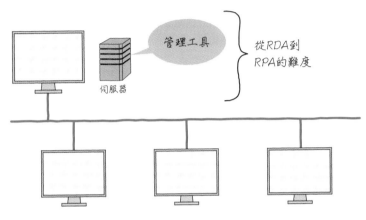

圖 3.15　從 RDA 到 RPA 的難度

RDA 沒有管理工具和用伺服器管理的功能，軟體和硬體的組成與 RPA 不同。如果要說 RDA 與 RPA 的關係，可說 RDA 不過是 RPA 的一部分。

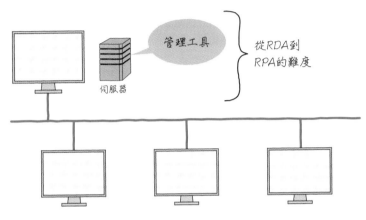圖中文字：管理工具、伺服器、從RDA到RPA的難度

從 RDA 到 RPA 的高牆和 RPA 的多樣性

前文說明了學習的順序，RPA 和 RDA 要從哪一個開始學習，在本書之前出版的類似書籍也討論過這個令人苦惱的問題。

客戶和供應商想必也有同樣的煩惱吧。

●從 RDA 開始學習

從 RDA 開始學的話，會覺得 RPA 很難。RDA 沒有管理工具和伺服器，所以和 RPA 相比，軟體和硬體兩者都遠比 RPA 的規模小。雖然這樣解釋很容易理解，但在沒有類似本書這樣的解說書籍的時代，只能用自己的眼睛來確認。

各位讀者或許已經有這樣的經驗。

●從 RPA 開始學習

從 RPA 開始學的話，會不了解 RPA 的本質。雖然各個產品從廣義來說都有同樣的功能，但功能名稱各不相同，技術背景也不一樣，有各種不同的差異。

由此可知，先學 RPA 軟體或之後才學，感覺大相徑庭，甚至變得不知道 RPA 究竟是什麼。再加上多數產品是英文版，雪上加霜。為了幫助理解，本書先讓大家認識產品之間的差別，理解共通之處。第 5 章和第 6 章進一步具體說明。

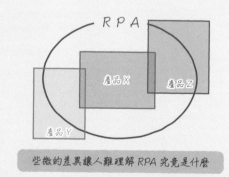

些微的差異讓人難理解 RPA 究竟是什麼

圖 3.16　RPA 的多樣性造成混亂

第 4 章

與 RPA 相近的技術

4.1 與 RPA 相近的技術代表範例

4.1.1 類似 RPA 的技術

關於 RPA 的導入情形，組合本章節介紹的技術來導入的機會越來越多。下一節開始會詳細解說各項技術，這裡先用圖 4.1 表示在實際運用的場景中，類似 RPA 技術的 Excel 巨集、AI、OCR、BPMS 關係的範例。4.7 會解說細節，其中只有 BPMS 位於不同的位置。

透過將各項技術與 RPA 組合應用，使這個領域更受矚目。

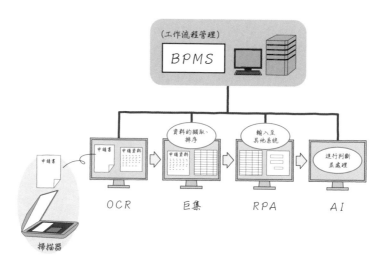

圖 4.1　類似 RPA 的各項技術關係範例

◉ Excel 巨集

最熟悉的自動化工具。基本上以 Excel 和 Excel 相關的應用軟體為對象。

◉ AI（artificial intelligence，人工智慧）

AI 能執行和人所做的思考相同的處理。

相對於此，RPA 是忠實地執行開發者定義好的處理。

◉ OCR（optical character recognition/reader，光學字元辨識）

OCR 是從「紙本」或「圖像」讀取文字並自動資料化。將手寫字或印刷文字轉換為資料。

RPA 無法像 OCR 一樣，把圖像轉換為文字資料。結合 OCR 來運用的情形越來越普遍。

◉ BPMS（business process management system，企業流程管理系統）

內建分析改善企業流程步驟的系統中，已導入 BPMS 的工作流程能簡單變更。

有些是讓 RPA 隸屬於 BPMS 之下，但反過來的做法則沒有。

◉其他技術

做為參考，也介紹 EUC（end-user computing，使用者自建系統）、IoT（Internet of Things，物聯網）機器人，以及與 RPA 的關係。

EUC 是系統的使用者和部門自己建構系統的行動，而非技術。然而，有些看法是應該由使用者來進行機器人開發，所以在 RPA 中稍微提及 EUC 的概念，彙整 EUC 與 RPA 的相容性等。

再者，由於 IoT 機器人有與「機器人」相似的部分，所以也會做說明。IoT 機器人是物理性機器人，藉由輸入、控制、輸出來動作。

接下來，從 Excel 巨集開始解說。

4.2 Excel 巨集

使用 Windows 時，Excel 巨集可說是我們最熟悉的自動化工具。本節集中說明 Excel 巨集與 RPA 的差異和共通點。

4.2.1 RPA 與巨集的差異

巨集可以將 Excel 內和 Excel 與相關應用軟體之間的資料交換等自動化。

RPA 可以執行包括 Excel 在內的各種應用軟體之間的資料協作等。巨集則是可以在 Excel 與其他應用軟體之間，進行匯入匯出資料的交換。

對於以 Visual Basic 語法為基礎來客製化 Microsoft Office 產品的 VBA（Visual Basic for Application），有些人將 VBA 與巨集分開思考，本書則是把 VBA 包含在巨集中。

從自動化的觀點來看，相對於巨集只能在與 Excel 協作的範圍自動化，RPA 可以連結各種應用軟體進行自動化，這是兩者很大的不同。如圖 4.2 所示，以 Excel 為中心的巨集與不僅限於 Excel 的 RPA，兩者的差異一目了然。

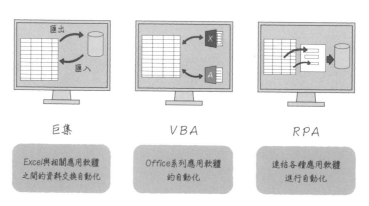

圖 4.2 巨集與 RPA 的差異

4.2.2 RPA 與巨集的共通點

當然，巨集與 RPA 的共通點是自動化。除此之外，巨集與 RPA 還有下面兩項共通之處。

①定義處理的方法（記錄處理的方法）

關於定義處理的方法，第 6 章說明的擷圖式機器人腳本生成產品，與 Excel 巨集幾乎相同。

②動作

RPA 是自行執行處理動作的自動化工具，巨集有時也能展現同樣的動作。由於處理的內容的關係，看起來近似與 RPA 一樣的「動作」。

下一節來看看符合①和②的簡單巨集模型。

如果是尚未接觸 RPA 的人，下一節呈現的是「原來是這樣定義和動作」的範例；而有 RPA 經驗的人，則會有「很懷念剛開始學習的時候」的感覺吧。

4.3 || 讓人聯想到 RPA 的巨集模組

4.3.1 巨集功能的有效化

本節試做加上 RPA 的處理定義後，自動動作的狀態讓人聯想到 RPA 的巨集模組生成。首先，啟用巨集的功能。

Excel 沒有預設執行巨集功能。要啟用巨集，選擇 [檔案] → [選項] → [自訂功能區]。接著，核取 [主要索引標籤] 的 [開發人員] 核取方塊，然後按下 [確定]。圖 4.3 所示為日文版操作，圖示動作依序為 [リボンのユーザー設定] → [メインタブ] → [開発] → [OK]。

剛開始沒有出現的 [開發人員] 標籤會顯示出來。如果沒有設定則不會顯示。

圖 4.3　[自訂功能區] 畫面

4.3.2 對話方塊設定

在初始畫面切換到 [開發人員] 標籤，選擇 [錄製巨集]（マクロの記録）（圖 4.4）。

圖 4.4 錄製巨集

這時會跳出 [錄製巨集] 的對話方塊。在對話方塊中設定巨集名稱，以及設定啟動巨集的快速鍵等（圖 4.5）。

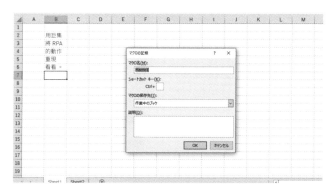

圖 4.5 [錄製巨集] 的對話方塊

本篇的說明是為了檢視操作動作，巨集名稱直接使用預設的「Macro1」。啟用巨集功能之後，就能共享想用巨集執行的內容。

4.3.3 想用巨集執行的工作

本節討論的巨集，是會讓人聯想到 RPA 動作的處理。

請看圖 4.6。這是一個簡單的文章範例，在 Sheet1 縱向排列文字，接著複製這些文字橫向貼到 Sheet2。

在這個範例中，儲存格 B2 至 B6 輸入了「用巨集」、「將 RPA」、「的動作」、「重現」、「看看。」。

圖 4.6　Sheet1 輸入範例

　　為了簡單生成，在同一個檔案裡的兩個工作表進行開發。想像成是從應用軟體 A 把資料複製到應用軟體 B，比較容易理解。

　　複製的來源文件 Sheet1 是從上開始縱向排列詞彙，而複製的目的文件 Sheet2 則是橫向排列：C2 為「用巨集」、D2 為「將 RPA」、E2 為「的動作」、C4 為「重現」、D4 為「看看。」。

　　從縱向依序複製各儲存格的值為橫向，反覆進行相同的處理。儘管瞬間完成，但可以目視動態的進行。

　　雖然其實是一瞬間，用聲音表示的話，大概感覺就像「唰、唰、唰、唰、唰」或「咻、咻、咻、咻、咻」的高速動作。

4.3.4　錄製巨集前的準備

　　首先，如圖 4.6，將資料輸入至 Sheet1。範例中使用 B2 至 B6 五個儲存格。保險起見，點擊工作表的＋號來新增 Sheet2。

4.3.5　巨集模組錄製

　　回到 4.3.2 的對話方塊設定，巨集名稱直接使用預設的「Macro1」。

　　按下 [確定] 即啟動錄製模式，執行想錄製的操作。從 Sheet1 執行五次複製貼上到 Sheet2。

　　操作完畢，按下 [停止錄製巨集]。

4.3.6 巨集模組執行

要執行錄製完的巨集，按下 [開發人員] 標籤的 [巨集] 按鈕。

如圖 4.7 所示，出現對話方塊，選擇 [Macro1] 後按下 [執行] 按鈕，就會如圖 4.8 所示執行 Macro1。

圖 4.7　執行 Macro1 前（Sheet1）

圖 4.8　執行 Macro1 後（Sheet2）

4.3.7 巨集模組利用方法

藉由這樣的巨集模組，完全沒看過的人也能掌握「RPA 是像這樣動作」。

如果改變 Sheet1 和 Sheet2 的背景顏色，看起來就會像從應用軟體 A 轉換到應用軟體 B 的處理。

RPA 和巨集其實是相容性高的技術。應用於企業的使用情況，可以用巨集擷取和排序資料等，再連結到 RPA，就能將單純的作業移轉到 RPA 上。應用的訣竅是，如果使用 Office 產品，不是僅考量 RPA，也有巨集這個選項。

4.4 ｜ AI 與 RPA 的關係

現在也有 AI 熱潮，RPA 與 AI 的關係經常被提及。雖然有和 AI 協作的 RPA 產品，但兩者有明確的區別。

4.4.1 機器學習

首先，概要說明因 AI 而日漸普及的機器學習（machine learning）。

AI 是機器學習和深度學習（deep learning）等各種技術的總稱。其中機器學習實作的發展最迅速。

機器學習是利用電腦反覆解讀資料樣本，在資料庫裡累積整理資料的規則、條件或判斷基準等。接著，以累積的資料庫為基礎，對必須進行處理的資料，執行和人思考後所做的處理相同的作業。

4.4.2 持續導入 AI 的客服系統

客服系統是很早就展開 AI 研究和部分功能實機安裝的領域。如果有機會檢視客服系統的工作或電腦的操作，就知道 AI 與 RPA 的用途明顯有別。

舉例來說，客戶詢問「想知道我簽約的保險下個年度的支付金額」。如果是人工操作，接到電話的瞬間，會思考「我簽約的→現有客戶→有客戶編號或契約號碼→聽取任一個號碼」。接著，將聽取到的編號輸入客戶關係管理系統或契約管理系統，顯示必要的資訊。從顯示的資料當中，找到客戶想要的資訊來回答。然後，在應答紀錄中輸入必要事項，結束一件詢問。

一連串的流程中，也有從「未定」到「特定」的發展過程，這是發揮機器學習等 AI 功能的地方。

4.4.3 在客服系統中應用 RPA

客服系統中有應用 RPA 的機會嗎？當然有。前述的客戶編號，輸入客戶關係管理系統、契約管理系統等顯示資訊，以此為基礎，自動生成一部分的應答紀錄（圖 4.9）。

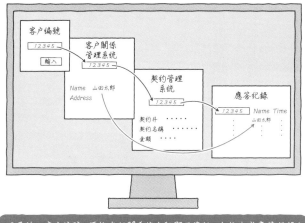

只要輸入客戶編號，便能在相關系統自動顯示資訊，也能生成應答紀錄！

圖 4.9 客服系統的 RPA 應用

　　將操作者在各個系統中多次輸入所耗費的工夫替換為 RPA，輸入客戶編號後的過程會自動處理。對操作者形成負擔的應答紀錄生成，只要按下特定按鍵，就能讓 RPA 執行生成紀錄的程式，比操作者手動輸入更快生成紀錄。

　　相對於 AI，能發揮 RPA 功能的是在「特定」客戶之後。關於特定過程的分歧或判斷的操作是由 AI 進行，特定後在後台作業機械化、定型化的操作則替換為 RPA。

　　當然，也有擴大 AI 的範疇，盡可能使用 AI 來完成的做法。

4.4.4 用 RPA 進行「特定」操作的範例

　　金融機關處理個人融資時，用申請時獲得的個資，查詢金融機關協作的組織所擁有的資訊，做為決定是否融資的一項判斷基準。

　　房貸審查個人信用資訊時，採取相同的程序。具體而言，金融機關將從個人客戶那裡取得的姓名、出生年月日、性別、住址、電話號碼等資訊，輸入其他企業組織所提供的系統。輸入到系統中的資料，是構成申請書等資料的主要項目。

　　此時如果是使用 RPA，從已經輸入申請書資料的系統，將主要的資料項目複製到其他系統來查詢，就能妥善進行（圖 4.10）。

圖 4.10　複製申請資料

　　從申請資料當中複製姓名、住址、出生年月日等,貼上信用資訊系統,點擊輸入按鈕,這個過程已經自動化。重點在於不僅是複製資料,還能點擊按鈕。如果是提供消費者導向業務的企業,應該有很多相同的應用之處。

　　以這樣特定的機械化、定型化輸入來說,RPA 比 AI 更適用。

4.4.5　在 RPA 上搭載 AI

　　雖然是老生常談,RPA 的進化過程歷經三個階段。現在是進程的第一階段。

　　第一階段是人來定義自動化的作業;第二階段是 RPA 從作業績效的學習中自行自動化一部分;第三階段則是搭載 AI 功能進展到也能進行業務的分析和改善,能自律地進行更高度的自動化。

　　從這個想法來看,搭載 AI 的觀點是從第二階段開始形成,所以現在已逐漸邁入第二階段。

　　舉例來說,這類趨勢包括與畫面(圖像)辨識的 AI 或語音辨識的 AI 等協作,或者在這些 AI 中裝設 RPA(圖 4.11)。

圖 4.11　與畫面辨識或語音辨識協作的 AI 範例

關於畫面辨識有兩點考量。

一是開發 RPA 機器人檔案時擷取畫面並記錄，同時為了提高精度而使用 AI。

另一點是當畫面有某種變化時（變成某種畫面）啟動 RPA，將 AI 視為感應器來應用的事件驅動型（event-driven）RPA 系統。

語音辨識的 AI 就是從上述後者的感應器應用來展開運用。

單靠各種感應器，只能做到「未定」，藉由與 AI 組合在一起，可以讓感應器無法具體達到「特定」的事物變成「特定」。只要能做到「特定」，RPA 就能進行接下來的工作（圖 4.12）。

從「未定」到「特定」，接著再到 RPA 的方程式，應該可以應用在今後各式各樣的場景。

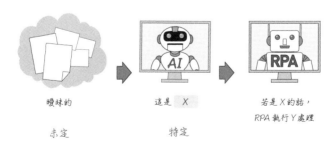

圖 4.12　從未定到特定

用周遭的例子來思考從未定到特定的機制。

在客廳設置裝有攝影機的電腦。當「父親」坐在電腦前方時，顯示父親的行程表，行程表中若有輸入店家名稱，則啟動日本美食餐廳網站 GURUNAVI 等的店家介紹網頁。

透過攝影機來進行影像辨識，以及店家名稱的文字辨識等，這些可以設定為 AI 的工作（圖 4.13）。

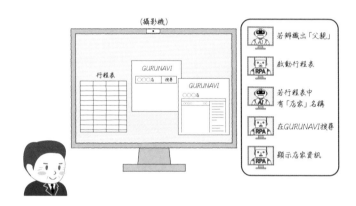

圖 4.13　若能特定人物，啟動專門的處理並執行

若是加上辨識出父親後顯示行程表，以及可以用文字辨識店家名稱，就能在 GURUNAVI 上搜尋。雖然這項功能的主要目的是確認前往店家的路徑，但也有店家不定期顯示優惠券，說不定出乎意料地實用。

RPA 的特點是，能連結行程表和網站搜尋的多個應用軟體。讓 RPA 與感應器或 AI 協作，就能操作更多應用軟體，想必今後會擴大應用在各式各樣的場景吧。

4.5 ‖ OCR 與 RPA

4.5.1 OCR 是什麼？

OCR（optical character recognition/reader）是用光學方式讀取手寫字或印刷文字的掃描器等硬體，以及辨識文字後轉換為資料的軟體，兩者組合而成的系統的統稱，中譯為「光學字元辨識」。常見的實例是，用掃描器讀入記載姓名、郵遞區號、住址、電話號碼和打勾處等項目的申請書等，再以資料形式存取的系統（圖 4.14）。

系統的功能是將申請書轉為 PDF 等格式的檔案，同時利用 OCR 軟體將各項目轉成資料，再以用純文字形式儲存表格資料的 CSV（comma-separated values，逗號分隔值）檔等其他形式匯出至協作系統。

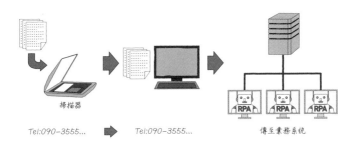

掃描器　　Tel:090-3555...　　Tel:090-3555...　　傳至業務系統

圖 4.14　OCR 系統的機制

用掃描器讀取申請書之後，會自動將資料輸入系統。與人工邊看邊打字輸入相比，輸入的效率提高，而且不會出錯。然而，必須事先定義讀取的紙本上哪個位置代表哪個項目（資料）。

4.5.2 有限的自動化

OCR 是辨識記載於特定位置的手寫字或印刷文字，再轉換為資料。如果是寫在格子裡的數字等，可以達到將近 100% 的讀取率。

另一方面，如果是隨意填寫在長方形欄位裡的姓名或住址文字等，文字辨識率

最多數十百分比。即使是方框裡的數字，如果有多個「5」或「7」這樣多筆畫的字，也可能把 5 辨識為 6、「7」辨識為「1」等。超出方框外的文字，辨識難度更高。

此外，即使是「山口」這樣相對簡單的文字，如果寫得很難讀，也無法辨識出「山口」二字（圖 4.15）。

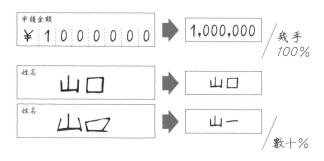

圖 4.15　幾乎 100％與數十 % 的差異

4.5.3　OCR 與 RPA 的差異

辨識文字並轉換為資料是 OCR 原本就有的功能，RPA 沒有這樣的功能。

RPA 能將取得的資料以相同值的方式來運用，或者以資料的形式變更為其他資料，但無法像 OCR 一樣將圖像資料轉換為文字資料（圖 4.16）。

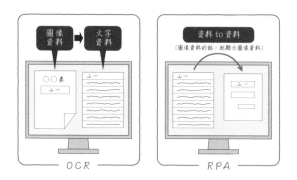

圖 4.16　OCR 能轉換資料但 RPA 無法轉換

RPA 是收到 OCR 產生的資料之後才開始動作，兩者角色也不同。

OCR 與 RPA 的協作逐漸成為主流，下一節會詳述這一點。

4.5.4 OCR 與 RPA 的共通點

OCR 與 RPA 也有共通點。兩者都需要有對象物件存在（圖 4.17）。

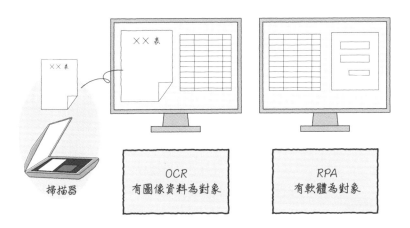

圖 4.17 OCR 與 RPA 的共通點

RPA 需要有軟體為對象，OCR 則要有紙本等為對象。

舉例來說，Word 或 Excel 等軟體本身可以生成文件或工作表。企業廣為應用的業務系統，則是輸入資料就能進行各種處理。

相較之下，OCR 要有圖像資料或畫有圖像的紙本才能運作。同樣地，如 1.1.1 說明的定義，RPA 需要以自身以外的軟體為對象。換言之，RPA 是因對象物而存在的軟體，OCR 也是有文件或圖像等要讀取的對象才發揮功能。

4.4 介紹了用 AI 來特定對象，RPA 以特定對象為基礎進行處理的關係。看來也需要更深入理解 OCR 與 RPA 的關係。

4.6 ‖ OCR 與 RPA 的協作

4.6.1　OCR 的性能

4.5 提及即使是 OCR 也無法完美辨識各種項目和文字。因此，需要在畫面上確認 OCR 讀取的文字是否正確。如果有讀取錯誤的文字，需要人工手動改正。若輸入的文字數少，為了避免掃描的麻煩，手動輸入比較快。

然而，當輸入的文字變多，OCR ＋手動改正無疑更快速。舉例來說，用 OCR 輸入三十張申請單，這時先用掃描器依序掃描三十張申請單。在 OCR 軟體的畫面上，假設左邊是原文件的圖像，右邊排列著資料化的各個項目。邊看畫面邊確認是否正確讀取，有錯就改正（圖 4.18）。

雖然確認很費工夫，但一張張手動輸入三十張申請單非常辛苦。再者，輸入的文字很多時，相較於「手動輸入→目視檢查」的兩項流程，「掃描→確認畫面→改正」的三項流程會快得多。

OCR 能在同一畫面上比對圖像資料與文字資料，十分便利。若不使用 OCR，就要用原紙本與電腦上輸入的畫面做比對。運用 OCR，電腦畫面上會顯示紙本圖像與資料化的項目。

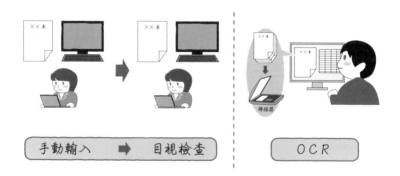

圖 4.18　手動輸入→目視檢查與 OCR 的差異

本書並未打算提及身體運動的話題，但從身體的動作來看，OCR 是劃時代的產品。特別是紙本張數很多時，效益絕佳。

在紙本量多的情況下，相較於打字輸入，用掃描器讀取更快，而且比起脖子左右轉動來讓視線對照，在同一個畫面上只需要稍微左右移動目光，工作更輕鬆（圖 4.19）。

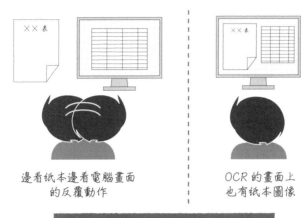

邊看紙本邊看電腦畫面
的反覆動作

OCR 的畫面上
也有紙本圖像

不再有轉脖子、手拿紙本的動作

圖 4.19　OCR 在身體動作方面也比較有效率

4.6.2　RPA 在 OCR 中的作用

RPA 是在桌面上顯示資料後才開始運作，接續 OCR 進行處理。兩者協作的場景多半是下面兩種情況。

①以 OCR 資料化後，用 RPA 確認輸入至系統的資料（圖 4.20）

比如確認輸入值在正確範圍內，特定的日期或一定年齡以下、以上等。

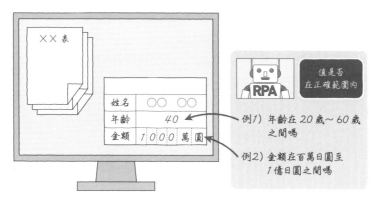

圖 4.20　確認資料值

②藉由 OCR 將輸入至系統的資料複製到其他系統（圖 4.21）

OCR 能將輸入至特定系統的資料，自動複製到其他系統。

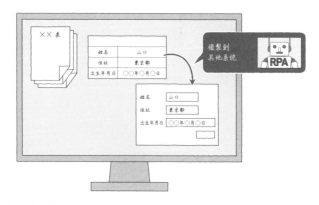

圖 4.21　複製到其他系統

今後這樣的協作將進一步增加吧。

4.6.3　OCR 和 RPA 與 AI 的協作

至此檢視了 OCR 與 RPA 的協作。

接下來，說明在 OCR 與 RPA 的協作中加上 AI 的場景（圖 4.22）。先驅企業致力推動各式各樣的研究和實機安裝。

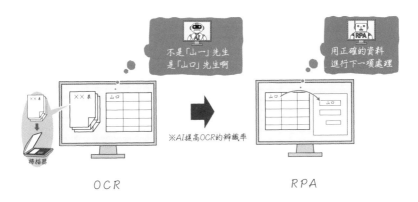

圖 4.22　OCR 和 RPA 與 AI 的協作

　　用 OCR 讀取，接著用 RPA 處理資料，再用 AI 進一步判斷，這個「OCR → RPA → AI」的企業流程正逐漸確立。

　　如圖 4.22 所示，為了提高 OCR 的辨識率，也有插入「特定」的步驟再與 RPA 交接資料的「OCR → AI → RPA」流程。

4.7 ‖ BPMS 與 RPA

4.7.1 BPMS 是什麼？

BPM（business process management，企業流程管理）的概念是反覆執行分析改善企業流程的步驟，以持續進行業務改善。也有稱為 BPMS（business process management system，企業流程管理系統）的系統，例如大家熟知的申請審核等工作流程系統（workflow system）。

BPMS 具備企業流程或工作流程的範本，登入或設定範本來使用，就能逐步進行從業務的分析到改善的步驟。

BPMS 的特徵大致有下面兩點。

①容易變更作業流程或資料流程

比方說，刪減某個流程的某一階段，或是變更資料流程時，透過刪除或移動範本顯示的圖形就能輕鬆完成。如圖 4.23 所示，可以在 BPMS 上刪除流程 C 的活動，或是用滑鼠將流程 D 的活動拖曳到位置 G。

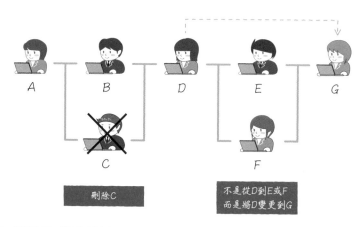

圖 4.23　刪除流程、變更資料流程

② 自主分析出解決方案

進一步用 BPMS 記錄活動的處理量和處理時間等，顯示需要變更的活動相關分析結果（圖 4.24）。根據 B 是 70、C 是 30 的具體數值，顯示 C 需要改善。

圖 4.24　自主分析

若是一般的業務系統，要自動計算處理量，需要附加開發專用程式，但 BPMS 已經內建這樣的功能。

4.7.2 RPA 與 BPMS 的關聯

RPA 與 BPMS 的關係是，原來開發和銷售 BPMS 的供應商，提供與 BPMS 配套的 RPA。

運用 BPMS 可以推動改善企業流程，但 BPMS 是負責檢視整體流程，RPA 則是負責將個別活動裡的人工操作自動化。

在企業組織中，有決議文件之類需要好幾個人經手才能轉到決策負責人的業務等。BPMS 檢視整體流程，RPA 定時確認輸入的項目。

上述觀點是現在的主流，簡述 RPA 與 BPMS 的關係如下（圖 4.25）：

① BPMS 的工作流程之中，個別活動的改善是運用 RPA
② BPMS 的工作流程之外，手動輸入等操作的自動化是運用 RPA

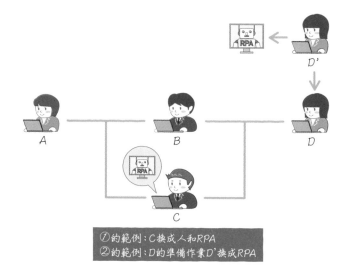

①的範例：C換成人和RPA
②的範例：D的準備作業D'換成RPA

圖 4.25　BPMS 與 RPA 協作的兩個範例

　　藉由將 BPMS 與 RPA 組合起來，以往無法進行的自主改善變得可能。

　　BPMS 是管理人的工作流程，視不同產品再加上機器人（RPA），透過人與機器人的共存，就能實現整體業務的管理。

4.8 ║ EUC 與 RPA

4.8.1 EUC 是什麼？

EUC 是 end-user computing 的縮寫，即「使用者自建系統」。EUC 是指使用系統的部門、組織或個人建構自己的系統或軟體的活動。

企業中常見的例子是，使用者開發運用小規模的應用軟體來做為業務系統的子系統，而非全部門使用的系統。

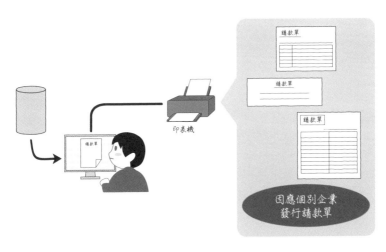

圖 4.26 EUC 的範例：請款單發行系統

如圖 4.26 的文件形形色色，如果是版面配置經常變更的文件發行業務，每次變更時拜託資訊系統部門負責人，或是請 IT 供應商來處理，非常沒效率，所以適合運用 EUC。

導入 RPA 時 EUC 之所以蔚為話題，是因為有看法認為使用機器人的終端使用者自己來開發或許更合適。的確，很多意見指出，由負責該工作的人或監督者本身來開發機器人，設計就不會出錯。

4.8.2 筆者的 EUC

不考慮系統的規模，EUC 是使用者進行系統或業務應用軟體的開發和運用的活動。因此，導入運用 RPA 與 EUC 被視為不同層次的活動。

筆者從事許多諮詢顧問和工程師管理的工作，運用管理勤務狀況的系統和監督專案運作狀況的系統等。日常工作中，不覺得特別需要其他系統。

然而，關於人事績效考核，現有系統無法完全對應現場的個別狀況，所以建構了特有的績效評估系統（performance evaluation system，筆者稱之為「PES」），在考核時期使用。

用 PES 確認考核後，將結果回饋至部門系統。

PES 是用 Access 開發，由專案評量，以及無法從專案評量看出的個人傑出表現、技能和反饋管理（feedback management）等組成。

像這樣完成的 EUC 應用軟體，姑且不論規模，可以成為人力資源評估的一項企業流程來運作。

4.8.3 RPA 只是工具

這裡介紹了筆者的 EUC 應用軟體，RPA 也能進行同樣的事嗎，答案是不能。

1.1.1 定義了 RPA 是以自身以外的軟體為對象，自動執行定義好的處理的工具。RPA 終究只是工具，終端使用者生成機器人來運用這件事，並不等同於用 EUC 來開發業務應用軟體，只是代理人來執行部分工作的單純作業（圖 4.27）。

圖 4.27　EUC 能獨立完成，RPA 只是作業的一部分

　　前面的請款單發行系統例子，或是筆者的 PES，都無法直接用 RPA 來替換。

　　從其他觀點來看，實際上也有用 Excel 或 Access 來開發比較有效率又便宜的業務。然而，終端使用者自己生成機器人的嘗試，預料今後會越來越多。

4.9 ║ IoT 機器人

4.9.1 IoT 機器人是什麼？

現在的機器人熱潮稱為第三次機器人熱潮。第三次機器人熱潮的機器人反映了現今的時代，也稱為 IoT 機器人。近年來日漸普及的 AI 智慧音箱，在功能上也包含了 IoT 機器人。

這裡所謂的 IoT 機器人，並不是在工廠裡負責組裝或焊接等以前就有的產業用機器人，而是軟體銀行（Softbank）的「Pepper」或索尼（Sony）重新發售的「aibo」等，近年來蔚為話題的具有對話功能的機器人。

順帶一提，第一次機器人熱潮是 1980 年代工廠等使用的產業用機器人，第二次機器人熱潮是本田（Honda）的 ASIMO 和索尼的 AIBO（現 aibo）等機器人登場的 2000 年左右。

筆者是在第二次機器人熱潮的 2000 年代初投入機器人產業。當時的機器人具備的功能，包括移動的物體進入機器人視野（畫面出現變化）時，發送郵件到登錄的地址或簡單打招呼等。此外，第二次機器人熱潮的機器人不只配置各式各樣的感應器，還有很多產品可以連結網路。

因此，第三次機器人熱潮的機器人原型，也可說是從第二次機器人熱潮時期發展出來的。

4.9.2 IoT 機器人的功能

與第二次熱潮的機器人相較，第三次熱潮的機器人下列功能大幅提升：

- 通訊性能
- 對於輸入的資訊從控制到輸出的反應能力
- 語音辨識、影像辨識等的輸入裝置和軟體

當然，外觀設計也變得更洗鍊。

第三次機器人熱潮具備對話功能的機器人，不只是連結網路實現 IoT 的一種型態，也具有機器人共通的特徵。一言蔽之，就是透過輸入、控制、輸出的流程來執行動作。分別詳細看看這幾項流程吧。

◉輸入

透過語音辨識、影像辨識等各種感應器的偵測和辨識，感知人或其他東西的變化和事件。

可以將輸入想像成看到影像變化、接收到聲音，用感應器等捕捉到事件（圖 4.28）。

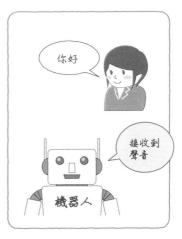

圖 4.28　輸入的範例

◉控制和輸出

把根據輸入應該執行什麼動作設計成程式。下面是簡單的範例（圖 4.29）。

＜麥克風和語音辨識的範例＞
- 機器人身上的麥克風接收聲音（輸入）
- 辨識出聲音「你好」時
- 音箱回應「你好」

<攝影機的範例>

- 影像出現變化時（輸入）
- 開始錄影

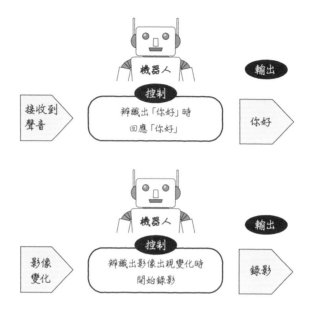

圖 4.29　控制和輸出的範例

由此可知，IoT 機器人是數量龐大的 In Case 和 if 語法的集合體。

4.9.3　IoT 機器人與 RPA 的共通點

RPA 也有所謂 robotic（像機器人一樣）自動動作的機器人的一面。

第 5 章會從軟體的角度詳細解說，但如果 RPA 能像 IoT 機器人的輸入一樣，設計成由事件驅動來執行處理，就能實現各種處理和動作。4.4.6 舉出父親坐在電腦前面，RPA 就會執行處理的範例，這也是事件驅動的例子。

RPA 應用在多樣化場景的可能性，與各種感應器和辨識裝置的數量成正比。這時再加上物理性的 IoT 機器人、具備與 IoT 機器人同樣功能的 AI 音箱等，就能夠提供很好的觸發提示吧。IoT 機器人和 AI 音箱幾乎沒有用於公司內部的企業流程。

然而，思考「如果在企業流程中使用這些東西的話會如何？」，各式各樣的想法將源源不絕。比方說，對電腦說「發行請款單，900500」，透過麥克風辨識聲音，就能發行以客戶 ID 900500 來管理的客戶企業當月請款單（圖 4.30）。

圖 4.30　輸入聲音來觸發的範例

因為對象是電腦，不像 IoT 機器人或 AI 音箱那麼有趣可愛，但結合語音辨識很便利。

4.10 ‖ 實現業務自動化

4.10.1 各種技術的組合

至此已經介紹了 Excel 巨集、AI、BPM、OCR、EUC、IoT 機器人等與 RPA 相近的技術，其中許多是推動白領工作自動化不可或缺的。

本書是關於 RPA 機制的書籍，內容以 RPA 為主，但企業組織事務工作的生產改革活動會組合應用前述技術。當然，開發新系統也是選項之一。

4.10.2 應用範圍的差異

2.6 提過，如果不是只單純導入 RPA，而是組合其他技術一起導入，效益絕佳。想讓某個業務自動化時，相較於直接選定 RPA，請先想想浮現的各種選項，客觀地選擇適合的技術。

前面各節說過，不同技術有不同的應用範圍。因此，如圖 4.31 所示描繪出概念示意再選擇較佳。

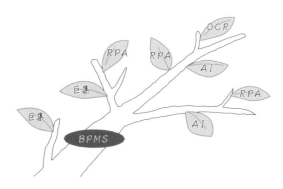

圖 4.31　應用範圍的差異～葉與枝幹的差別

OCR 是輸入的自動化，所以容易判斷可以導入的位置。

Excel 巨集、AI、RPA 在各個部分都像葉子一樣，以「點」來應用。

BPMS 如同樹木的枝幹是「線」，一旦導入就能簡單改變枝幹的形狀。雖然對真實的植物來說很難，但 BPMS 很容易。

4.10.3　自動化模型

本章最後來看看實現白領工作自動化的模型。

如圖 4.32 所示，下面各項技術協作運用：

- OCR 　：資料輸入
- 巨集 　：RPA 和 AI 的處理支援（資料的整理或擷取等）
- RPA 　：資料的輸入和核對
- AI 　　：利用過去的資料以機器學習來判斷和進行「特定」的辨識
- BPMS ：工作流程控制、有效率的人力資源配置和 RPA 等的運用

如果像這樣運用所有技術，白領工作的生產力就能革命性地提高。實際上，有些業務已經在推動如圖 4.32 架構的實機安裝了。

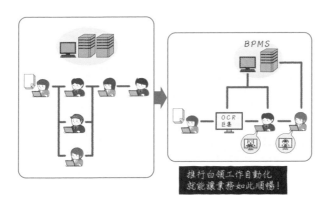

圖 4.32　自動化模型

至此檢視了各種自動化導向的技術。在系統的設計和開發中，更進一步詳細分解這些技術，就變成程式。

如果能運用 RPA 和周邊相近的技術，也許可以創造出至今未有的獨特系統吧。重點在於客觀地評估和了解各式各樣的技術，透過創意來應用。

COLUMN

如何讓 RPA 成為主流？

相較於連小孩子都知道的 AI 一詞，RPA 這個詞彙目前尚未成為超越職業或世代的普遍事物。

不僅是 Windows 電腦，家電產品和行動電話等不管什麼裝置都部署了 AI。相較之下，雖然前文介紹的 OCR 等既實用又方便，但僅限於在企業場景中使用。因此，即使跟一般人說 OCR，也不知道對方是否了解。

1980 年代、1990 年代出生，視網路為理所當然的環境成長的世代，稱為千禧世代。RPA 要獲得公民權，千禧世代的支持不可或缺。

因此，能在 iPhone 或 Android 之類智慧型手機上運作的 RPA，備受期待。如果能夠提供大學生或甚至高中生像智慧型手機一樣使用的 RPA，瞬間就能成為主流軟體吧。

現在銷售的 RPA 軟體都是對應 Windows 環境，伺服器則還有對應 Linux 的版本。然而，單獨在 iPhone 或 Android 上運作的 RPA 產品，在撰寫本書的時間點（2018 年 6 月）尚未出現。

雖然聽過 RDA 這個詞，但 Robotic Smartphone Automation（RSA，機器人智慧型手機自動化）、Robotic Gadget Automation（RGA，機器人小工具自動化）前所未聞。如果能夠提供這樣的軟體，似乎肯定可以成功。

圖 4.33　RPA 在智慧型手機上運作的範例

RPA 軟體概論

5.1 ║ RPA 軟體的定位

說到軟體，可分為作業系統（OS）、中介軟體（middleware）和應用軟體（application）三個層次。

作業系統提供應用軟體以及中介軟體與硬體間的各種介面，並且管理硬體資源。中介軟體提供作業系統與應用軟體間的作業系統功能擴充，以及各種應用軟體共通的功能。

RPA 不是作業系統，本節要來思考它是中介軟體還是應用軟體。

5.1.1 軟體的三個層次

作業系統、中介軟體、應用軟體的三個層次，如圖 5.1 所示。最下面再加上硬體，中介軟體則是加入近年來廣受歡迎的資料庫管理系統（database management system, DBMS）、網頁伺服器。

圖 5.1 軟體的層次

5.1.2 RPA 的軟體層次定位

如何在圖 5.1 中定位 RPA？明顯可知 RPA 不是作業系統，也不可能放在作業系統與應用軟體之間，所以也不是中介軟體。

RPA 是一種應用軟體，但也可以透過資料或各種處理，達到橫向連結業務系統或辦公室自動化工具等應用軟體的作用（圖 5.2）。

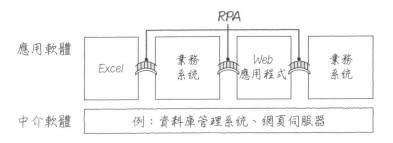

圖 5.2 RPA 的定位

從「連結」這一點來看，RPA 如同橋梁。中介軟體是垂直方向的共通基礎，RPA 則是水平方向橫向連結應用軟體。

這樣看來，RPA 可視為一種獨特的應用軟體。

5.1.3 RPA 不是程式語言

為了避免誤解，這裡進一步釐清。開發組成應用軟體的程式檔時，會使用 Visual Basic、C#、Java 或缺乏新意的 C 語言和 COBOL 等程式語言。

RPA 各種產品各具特有的開發環境。雖然能開發機器人檔案，但 RPA 不是程式語言。不是編寫程式碼，而是進行設定或選擇。

5.2 | RPA 的功能

5.2.1 RPA 的三種功能

第 1 章已經說明了 RPA 的定義及做為軟體的物理架構。本節再次釐清 RPA 的功能。

RPA 的功能大致有下列三項：

- 定義　　：定義機器人的處理
- 執行　　：執行定義好的處理
- 運作管理：管理機器人的運作狀態、取得執行結果、排程和流程管理

記住 RPA 的功能是「定義、執行、運作管理」。

5.2.2 功能與物理架構

將功能與物理架構合併思考，如圖 5.3 所示。

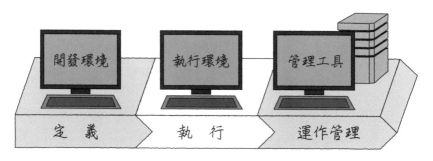

圖 5.3　功能與物理架構

圖 5.3 顯示在開發環境定義好機器人檔案，在執行環境中自動執行，並藉由管理工具來管理運作。

至此已彙整說明了 1.1.1 所示的定義、1.3 的物理架構，甚至所有功能。

5.3 ‖ RPA 軟體的初始畫面

5.3.1 RPA 初始畫面圖像

一開始使用 RPA 軟體時所見的畫面，是要定義處理的畫面。這和物件導向程式語言的開發環境畫面相同，而不是業務應用軟體排列著選單的畫面或 Word 那樣簡單的畫面。

初始畫面是進行定義的畫面，但 RPA 軟體產品顯示的各種視窗幾乎相同，如下所示（**圖 5.4**）。

- 機器人的全部腳本
- 方案總管（solution explorer，顯示專案等的關聯）
- 屬性（property）

其他則是顯示物件或偵錯的畫面等。基本上是顯示物件導向的畫面。

圖 5.4　RPA 初始畫面示意

當然，要改變各個視窗的位置很簡單。預設是全部腳本的視窗在中央，方案總管、屬性等則配置顯示在左右兩邊。隨產品而異，變數或物件資訊有時配置在畫面下端。有開發軟體經驗的人，請想像一下 Visual Studio 的畫面。下面來看看 Visual Studio 的初始畫面做為參考（**圖 5.5**）。

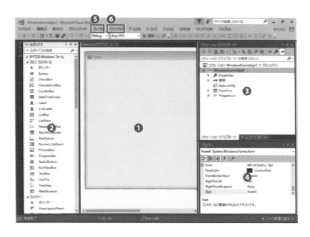

圖 5.5　Visual Studio 2017 的初始畫面（日文版）

　　Visual Studio 的中央是 [設計] 視窗（①），左邊為 [工具箱]（②）、右邊為 [方案總管]（③）和 [屬性]（④）。開發者可任意變更各個部分的顯示位置和大小。

　　上端的選單中有 [建立]（⑤）和 [偵錯]（⑥）。用 [建立] 來生成執行檔等，並用 [偵錯] 來驗證。RPA 軟體也有同樣的功能。

5.3.2 初始畫面之後的差異

　　一旦對某個物件做出定義，顯示機器人全部腳本的畫面如圖 5.6 所示，以方塊圖表示。方塊圖有長方形、本壘板形、圓角矩形等，隨產品而異，類型多樣。

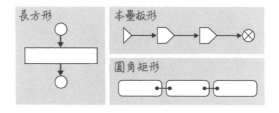

圖 5.6　腳本的方塊圖範例

5.4 現有應用軟體與 RPA 的關聯

5.4.1 連結多個應用軟體

RPA 以自身以外的現有軟體為對象來執行處理。舉例來說，將應用軟體 A 的客戶資料複製到應用軟體 B。RPA 能夠執行操作者的滑鼠操作，將業務系統的資料複製連結到其他業務系統。

除了直接複製輸入資料，有些操作者複製姓名和電話號碼時會參照和核對業務系統中的資料，看看是否已經有該姓名和客戶編號存在。

5.4.2 連結＝資料移動

雖然這裡使用「連結」一詞，但在桌面操作上，指的是對應資料項目數來將資料複製貼上（圖 5.7）。

從 RPA 的結構來看，這樣的資料移動非常重要。簡單整理為如後文所示的幾種類型。

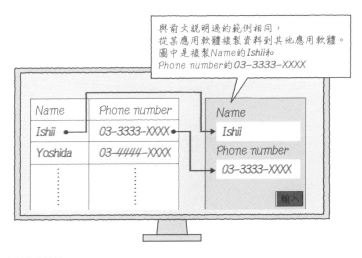

圖 5.7 資料移動範例

●用資料庫來連結的類型

　將移動的資料儲存至資料庫。更正確的說法是，把複製的對象資料儲存至資料庫，要貼上時從資料庫取出資料（圖5.8）。

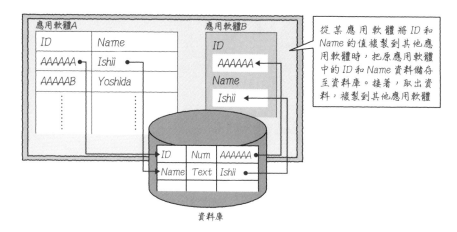

圖 5.8　用資料庫來連結

　以前述姓名和電話號碼為例，先命名為 name、phone number，再宣告（declare）各自的資料型別和設定主鍵（primary key）等。

　用資料庫來連結的類型，包括使用特有資料庫的類型，以及與 Microsoft SQL Server 或 Oracle 等協作的類型。若是前者，相較於資料庫本身，開發者的工作可能更像是宣告變數來連結。後者則是定義資料庫。

　如同在資料庫定義各種資料，在 RPA 中可以定義如**表 5.1** 的內容。

表 5.1　變數的屬性定義範例

名稱	型別	資料庫鍵值
ID	Number	✓
Name	Text	
Zip code	Number	
Address	Text	
Phone Number	Number	

◉用定義本體來連結的類型

在應用軟體之間移動資料時，先生成接收專用的畫面或定義檔等定義本體（body）來暫時接收資料（圖 5.9）。

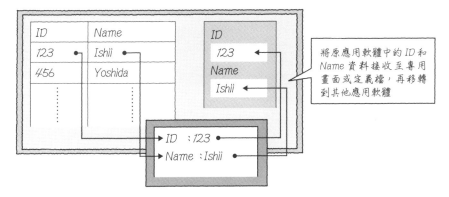

圖 5.9　用定義本體來連結

◉用複製貼上來連結的類型

採取這種做法的基準是操作者要複製的資料量不多，不生成資料庫或專用的定義本體，而是用滑鼠複製到剪貼簿來使用的程度（圖 5.10）。有些桌面用的 RDA 產品是這種類型。

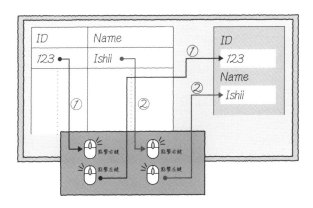

圖 5.10　用複製貼上來連結

5.4.3 各自發揮作用的領域

用資料庫來連結的類型，針對的是大量資料的輸入和核對等，也適用於較大規模的資料處理業務。

用定義本體來連結的類型，對有 Windows 應用軟體程式設計經驗的人來說，就像是延伸應用定義。相較於開發機器人，用像開發 Windows 應用軟體的感覺來推動開發機器人檔案。

如果是用於單一桌面或小規模業務，複製貼上就能處理。

5.5 ‖ 執行的時機

不管是何種系統或軟體,都必須審慎評估執行的時機。關於 RPA 機器人檔案,大致有三個執行的時機。

5.5.1 由人來執行

由人來指示執行的時機。比方說,桌面上的工作完成後,由操作者來啟動之後需要執行的機器人檔案。換言之,也可說是由人來驅動。

實際上,企業流程中有如下流程(**圖 5.11**):

① **A 完成資料輸入作業**
② **機器人檔案執行資料核對作業**
③ **B 進行新增輸入作業**

執行步驟是,當 A 完成自己的輸入作業後,A 自己啟動執行機器人檔案,開始執行機器人檔案。接著,由 B 來確認機器人檔案處理是否結束。

也就是說,第一線部門的使用者來控制執行的時機。

A負責資料輸入作業　　　A啟動RPA　　　B確認處理結束後
　　　　　　　　　執行資料核對作業　　新增輸入作業

圖 5.11　由人來執行

5.5.2 依排程來執行

　　預先用排程器（scheduler）指定日期時間和定時間隔來執行處理。主要有下列三種方式：

- 用 Windows 的工作排程器（task scheduler）來設定
- 用機器人檔案來定義排程
- 用管理工具來定義排程

●用工作排程器設定

　　Windows 控制台有一個項目是 [系統管理工具]，裡面有 [工作排程器]，但這裡將機器人檔案的執行定義為一項工作（圖 5.12）。

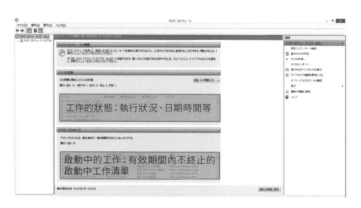

圖 5.12　Windows 工作排程器畫面

●用機器人檔案定義

　　用機器人檔案來定義排程。未具備管理工具的 RDA 類軟體可運用這種方式。

　　如果是在單一桌面定時執行，需要考慮與其他資源的相容性，建議用工作排程器來設定。

◉用管理工具定義

使用具備管理工具的 RPA 軟體時，基本上是用管理工具來設定。第 10 章會檢視管理工具的範本畫面，直觀又容易使用。

畫面的配置因產品而異，但用機器人檔案設定排程的步驟和方法大同小異。

由人來驅動也可說是由使用者來控制執行，而設定排程器的是系統管理者或開發者，所以也能說是系統管理者或開發者控制執行。

5.5.3 由事件驅動來執行

由事件觸發來執行機器人檔案。比方說，當某個視窗開啟或關閉則機器人檔案開始動作、當某個資料檔更新則執行等，有各式各樣的範例。

相較於由人來執行或使用排程器，很難斷定事件驅動是由誰來控制執行，不過很大部分是取決於現場流程的進度和人的工作情況。

Ⅲ COLUMN

資料驅動與 RPA

近年來，大數據分析等的需求越來越多，也許有人對資料驅動（data-driven）與 RPA 的關係抱持疑問。

現有的 RPA 不具備收集分析資料的功能，所以無法用資料驅動來執行 RPA。當然，藉由解讀 RPA 的操作紀錄檔與相關人員的操作紀錄檔等，讓 RPA 也能支援涉及人工判斷的操作之類研究正在進行。

此外，一些 RPA 產品也能與 AI 協作等。由 AI 來分析資料，以結果來驅動，開始執行機器人檔案，這種做法也是可行的。

總之，現階段無法以資料驅動的方式來執行 RPA。

5.6 ‖ 資料處理

前文用兩個應用軟體的範例來說明 RPA 如何保存資料。本節從資料處理的觀點深入分析。

在資料處理中，分為從自身以外的應用軟體取得的外部資料，以及 RPA 本身保存的內部資料。

5.6.1 外部資料

讀取對象應用軟體的檔案，為了在應用軟體間傳遞資料而剪下貼上暫時保存的資料等，從機器人執行的動作對象所取得的資料，即為外部資料。

有些 RPA 產品具備特有的資料庫，有些產品則與 Microsoft SQL Server 或 Oracle 等資料庫軟體協作，提高大量資料處理和輸出輸入的效率。

與資料庫協作時，是透過管理工具來協作。因為 RPA 一開始就定義了結構化資料，所以很擅長這類處理。

5.6.2 內部資料

代表性的內部資料是機器人檔案動作的紀錄檔資料。從這類資料可以獲得各種資訊，包括執行對象和執行過的處理、時間戳記（timestamp）、Yes／No 等。

執行後的錯誤（error）解讀需要使用紀錄檔資料，所以這些資料很重要。有些 RPA 產品以物理性方式將紀錄檔資料存放於與機器人檔案同樣的終端裝置，有些產品則存放於伺服器的管理工具中（圖 5.13）。

紀錄檔資料存放於管理工具中的產品，能設定天數或件數等先決條件來管理紀錄檔，也能從專用的 Viewer 來閱覽。只是一味地收集紀錄檔，不管有多少硬碟都不夠，能夠設定先決條件非常方便。

除了紀錄檔資料，內部資料還包括排程和使用者管理的表格等，這些也由管理工具保管。如果是 RDA，紀錄檔資料會保存於終端裝置；若是 RPA，則保存在管理工具。

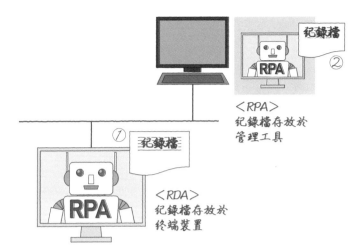

圖 5.13　物理性保存紀錄檔的兩種型態

5.7 ‖ Windows 畫面的物件辨識技術

關於 Windows 畫面組成物件的辨識技術和方式，大致可分為三種。

5.7.1 屬性式

分析和辨識對象 Windows 畫面的組成物件、Web 應用程式的 HTML 或頁面布局、描述了設計條件的層疊樣式表（Cascading Style Sheets, CSS）的方法（圖 5.14）。

在實際開發中，選擇 RPA 開發環境裡已經定義和登錄好的「Web 應用程式」等的物件樣式來辨識。

定義時讀取物件，就能自動辨識。

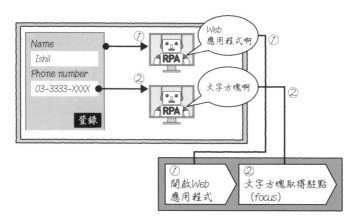

圖 5.14　屬性式結構

5.7.2 圖像式

將字串或圖像與操作畫面做比較來比對，以辨識物件的方式。因為不依賴應用軟體的結構，可用性（availability）廣，但整體來說速度很慢。如**圖 5.15** 所示，可看出在比對圖像。

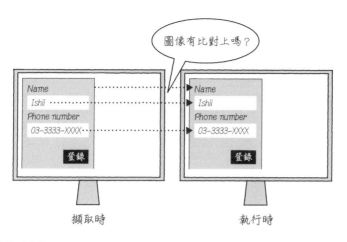

圖 5.15　圖像式結構

5.7.3　座標式

用畫面座標位置來辨識的方式。雖然可以應用於各種應用軟體，但畫面的設計或布局變動，就必須做相同的變更（**圖 5.16**）。

用 x, y 座標來捕捉對象物件的位置並記憶。

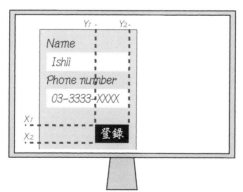

用(X_1, Y_1)、(X_2, Y_2)形式的座標來捕捉

圖 5.16　座標式結構

5.8 ‖ 生成執行檔

5.8.1 一般的應用軟體開發生成執行檔

一般的應用軟體開發，是編譯使用程式語言生成的原始檔。

編譯後生成翻譯為機器語言的物件檔，藉由與函式庫等組合連結生成執行檔。簡言之，生成原始碼保存後，執行編譯、連結，生成執行檔。

以 Windows 為先決條件的話，現在的程式設計基本上可以載入並呼叫能使用其他檔案功能的動態連結函式庫（dynamic link library, DLL）（**圖 5.17**）。

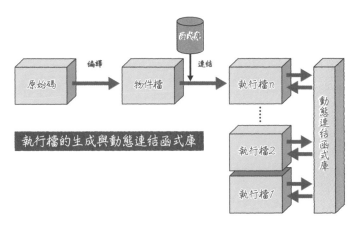

圖 5.17　執行檔的生成與動態連結函式庫

5.8.2 RPA 的執行檔生成

本書將 RPA 的執行檔稱為機器人檔案，但機器人檔案生成時並沒有編譯。從物件檔的生成開始，與執行環境中存在的函式庫連結，所以不需要編譯。換句話說，就是在閉鎖的 RPA 軟體環境中執行處理（**圖 5.18**）。

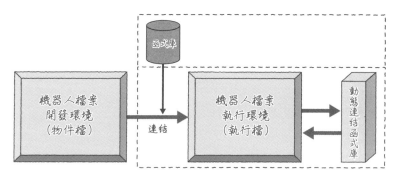

圖 5.18　RPA 的執行檔生成

　　因為結構簡單，沒有程式語言或系統開發經驗也能生成。檢視**圖 5.19** 就能想像整體的圖像。

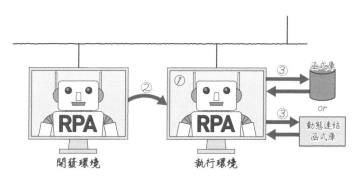

①有在執行環境中獲得指示隨時能開始動作的機器人
②將處理的定義本體填入機器人裡，機器人就能自行開始動作執行處理
③若有需要的函式庫或動態連結函式庫，適當呼叫使用

圖 5.19　從物理組成來檢視

5.9 ‖ RPA 軟體序列

5.9.1 動作序列

RPA 軟體的序列有兩種，一是依據管理工具的指示，另一種是像 RDA 等在桌面上自行啟動（圖 5.20）。來看看組成序列的各項步驟吧。

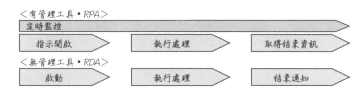

＜有管理工具・RPA＞
定時監控
指示開啟　　執行處理　　取得結束資訊
＜無管理工具・RDA＞
啟動　　執行處理　　結束通知

圖 5.20　動作序列圖

◉機器人設定

雖然圖 5.20 中沒有顯示，但執行處理之前必須做機器人設定。有些是像 RDA 一樣安裝在終端裝置的形式，有些則是從管理工具來配置。

◉指示開啟和啟動

遵循伺服器端管理工具的開啟指示，在桌面上執行處理。或是在桌面上自行啟動。也包含事件驅動的啟動。

◉執行處理

執行機器人檔案裡定義好的處理。

◉取得結束資訊和結束通知

管理工具取得結束資訊，或是桌面發出結束通知。

◉定時監控

管理工具定時監控桌面的運作狀況和確認結束處理。

第 6 章

機器人開發

6.1 ║ 機器人檔案開發

6.1.1 基本原則與程式開發相同

機器人檔案的開發，基本上與程式開發沒有太大差異。對 RPA 要運作的對象軟體，定義要執行什麼樣的處理。

然而，如 5.8 的說明，RPA 不需要像程式語言一樣從零開始撰寫或定義程式碼，而是透過記錄對於對象物件設定的選擇和操作即能定義。簡言之，就是持續設定吧。

6.1.2 實際運作之前的作業

基本上，如圖 6.1 所示，機器人檔案開發與程式開發的步驟相同，但 RPA 是將用管理工具做設定放在最後。

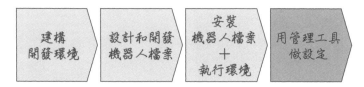

圖 6.1　機器人檔案運作之前的作業

◉建構開發環境

各產品原有的開發環境。通常會區隔執行處理的終端裝置，另外準備開發環境用的終端裝置。

◉設計和開發機器人檔案

在開發環境推動機器人檔案的開發。機器人檔案大致分為三種（6.2 會詳細說明）。也能用偵錯功能確認動作。

◉安裝機器人檔案＋執行環境

在用來執行機器人檔案的桌面或伺服器裡，安裝機器人檔案和有專用執行期的執行環境。

◉用管理工具做設定

RPA 是透過管理工具的指示來執行機器人檔案，所以用管理工具設定動作的時間點或排程等。從建構開發環境到安裝執行檔和執行環境，與一般的程式開發沒有太大差別。不同之處是，要留意用管理工具進行設定。

COLUMN

程式設計技能是必要的嗎？

●程式設計技能不是必備的

關於腳本生成，一定要有程式設計技能或系統開發經驗嗎？答案是「否」。當然，有經驗會學得比較順利，也比較快理解。但 RPA 產品基本上是物件式，不一定要有程式語言相關知識。然而，有一些需要注意的事項。

●需要有結構化的思考方式

RPA 有時被稱為規則型（rule-based）工具，因為要遵從業務操作的規則，定義機器人腳本來執行處理。

以如下的流程來定義業務操作的規則：

- 找出規則
- 確認規則的細節
- 將確認過的規則定義於機器人檔案中

實際上，由於定義為可以透過 RPA 軟體讓電腦執行，所以定義本身也必須與電腦運作的方式相同。

重點是，要用依序、條件分歧、反覆執行等思考方法來表示規則。熟練的人潛意識就會採取這種方式。

6.2 ‖ 不同類型的機器人開發

機器人檔案的開發是 RPA 系統開發的核心之一。

定義機器人的動作，也可說是生成機器人的腳本。因此，接下來換個說法，用生成腳本來說明。

腳本的生成形式有三種。

6.2.1 擷圖式

辨識桌面上人工操作的畫面並記錄下來。像是拍攝動畫或製作翻頁書一樣，記憶操作順序。請回想 4.2 說明的 Excel「錄製巨集」。

點擊錄影按鈕後，執行想要記錄的處理。

擷圖式是非常方便的功能，預估未來實機安裝這項功能的產品會越來越多。

6.2.2 物件式

使用產品提供的範本來生成腳本。選擇 Windows 物件來進行定義。

物件式也是邊確認畫面的操作邊進行，不過能將畫面停在 Windows 物件，選擇範本來定義。相較於動畫或翻頁書，比較像在「紙芝居」（日本傳統紙娃娃連環話劇）圖畫後面一張一張描寫腳本的概念。

6.2.3 程式設計式

廣義上是物件式。雖然有範本，但利用程式語言來定義。

有一些產品是利用 Microsoft 的 .NET Framework 所用的 Visual Basic、C#、Java 等。使用的框架和語言在現在的開發場景中廣受歡迎。

6.2.4 各產品具備多種類型

區分為上述三種形式，是為了容易了解腳本生成。讓多數產品能彙整為以物件式為基礎、具備擷圖的元素，或是利用程式語言等。

雖然與 5.7 解說的物件辨識技術也有關，但以腳本生成的觀點來彙整產品，將如圖 6.2 所示。比方說，產品 A 具有物件式和程式設計式的功能，產品 D 則有擷圖式和物件式的功能。

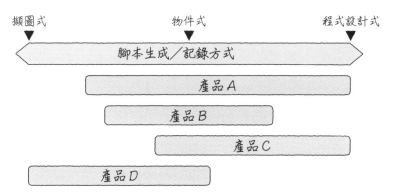

圖 6.2　腳本生成形式與產品關係示意圖

6.3 ‖ 擷圖式範例：WinActor

本節介紹 NTT DATA 提供的「WinActor」，做為擷圖式和物件式的範例。這項產品以日本市場中導入的公司組織數最多而聞名。

WinActor 雖然是特有的開發環境，但提供日語介面，對日本市場使用者來說是相對容易理解的 RPA 產品。

6.3.1　WinActor 的機器人開發步驟

常見的實例是定義應用軟體 A 與應用軟體 B 之間處理的步驟，如圖 6.3 所示。①用主要操作來定義通用框架群組（操作流程），②運用變數等來定義細節。

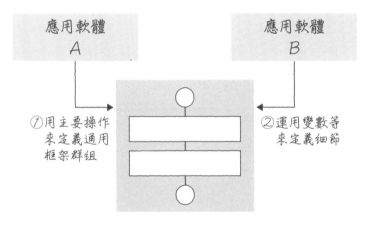

圖 6.3　WinActor 的機器人開發步驟範例

6.3.2　用 WinActor 生成機器人腳本

CSV 檔裡有想訂購的商品清單。從「商品登錄 .csv」中複製分類和商品名，登錄至 Web 應用程式裡的「tutorial.html」。

Web 應用程式的訊息下方的文字方塊，會顯示登錄內容。左邊是用 Excel 開啟的「商品登錄 .csv」，右邊是「tutorial.html」（圖 6.4）。

將「商品登錄 .csv」的所有記錄對象登錄至 Web 應用程式，並設為機器人的應用範圍。

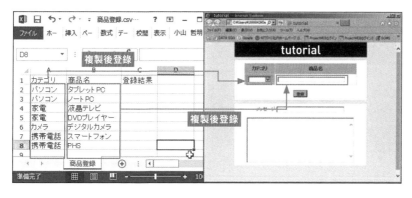

圖 6.4　商品登錄 .csv 與 tutorial.html

6.3.3　Web 應用程式讀取和操作的設定

圖 6.5 是 WinActor 的初始畫面，由七個畫面組成：主畫面（①）、流程圖畫面（②）、監控規則清單畫面（③）、影像畫面（④）、變數清單畫面（⑤）、資料清單畫面（⑥）、紀錄檔輸出畫面（⑦）。過程中不使用③～⑦的畫面。

為了提高作業效率，分別點擊各個畫面右上的「×」符號關閉頁面，之後有需要時再顯示出來。

首先從 Web 應用程式的讀取開始。

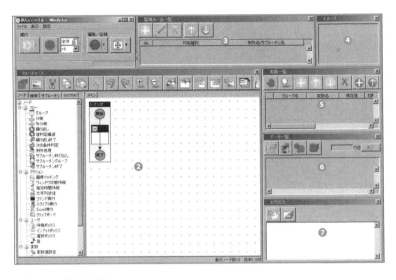

圖 6.5　WinActor 的初始畫面

◉啟動對象應用程式

啟動 Web 應用程式的「tutorial.html」（圖 6.6）。

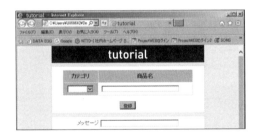

圖 6.6　Web 應用程式的「tutorial.html」

◉指定對象應用程式的畫面

點擊 WinActor 左上角主畫面右側的 [選擇目標]（ターゲット選擇）（圖 6.7），也就是圓形中間有十字的按鈕。

圖 6.8 是點擊 [選擇目標] 之後的狀態。當選擇的按鈕變色，就可以拖曳。

將圖 6.8 裡的 ✛（滑鼠圖示）帶到記錄對象的 Web 應用程式的視窗標題列，點擊後就能辨識記錄對象的視窗。

圖 6.7　點擊 [選擇目標]

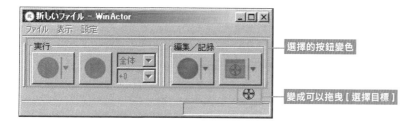

圖 6.8　點擊 [選擇目標] 後畫面

當辨識出來，主畫面下方會顯示「IE:tutorial - Internet Explorer」（圖 6.9）。

圖 6.9　顯示出「IE:tutorial - Internet Explorer」

◉自動記錄操作

接下來，點擊主畫面右邊數來第二個位置的紅色圖示 [編輯／記錄]（編集／記録）（圖 6.10）。開始自動記錄時，[編輯／記錄] 按鈕會從紅色圓形變成內有正方形的藍色圓形記號，顯示「記錄開始」（記録を開始しました。）訊息。

圖 6.10 點擊 [編輯／記錄]

　　這裡開始進行想記錄的操作。在「分類」（カテゴリ）欄的下拉選單中，選擇
第一行的「電腦」（パソコン）（圖 6.11）。

圖 6.11 從「分類」欄選擇「電腦」

　　選擇之後，會自動將「清單選擇」（リスト選択）的動作新增至流程圖畫面
（圖 6.12）。

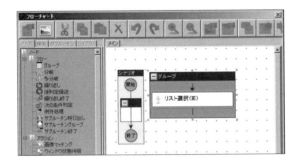

圖 6.12 新增「清單選擇」的動作

手動輸入「平板 PC」（タブレット PC）至「商品名」欄（圖 6.13）。之後的工程中替換為「變數」，自動讀取來源資料 CSV 檔，這裡先手動輸入第一列。

圖 6.13　手動輸入「平板 PC」至「商品名」欄

在流程圖畫面群組新增「字串設定」（文字列設定）的動作（圖 6.14）。

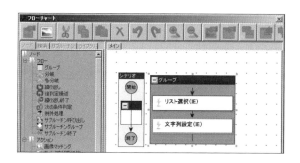

圖 6.14　新增「字串設定」的動作

點擊 [登錄]（圖 6.15）。

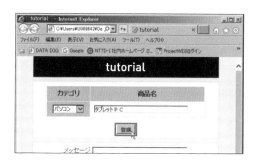

圖 6.15　點擊 [登錄]

在群組中，新增了「點擊」（クリック）的動作（圖 6.16）。

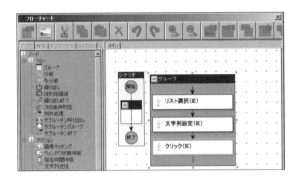

圖 6.16　新增「點擊」的動作

　想記錄的處理已結束，點擊主畫面的[編輯／記錄]。如此一來，按鈕變回原來的紅色圓形，顯示「記錄終止」（記録を停止しました。）（圖 6.17）。

圖 6.17　變回原來的紅色圓形

　確認自動記錄後的流程圖畫面狀態，如圖 6.18 所示。

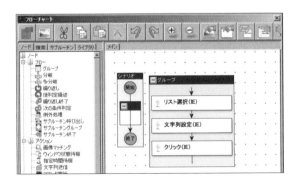

圖 6.18　自動記錄後的流程圖畫面狀態

6.3.4 變數設定

Web 應用程式登錄操作記錄完成，接著設定變數。顯示關閉的變數清單畫面。點擊主畫面的 [顯示]（表示），從子選單中選擇 [變數清單]（変数一覧）（圖 6.19）。

圖 6.19　變數清單畫面的顯示方法

顯示變數清單畫面後，點擊 [變數名匯入]（変数名インポート）（圖 6.20）。

圖 6.20　點擊 [變數名匯入]

在檔案選擇畫面中，選擇對象檔案「商品登錄 .csv」（圖 6.21）。

圖 6.21　選擇對象檔案「商品登錄 .csv」

如此一來，CSV 欄位第一行的標題會讀取為變數名，並顯示記錄對象（圖 6.22）。點擊 [OK] 來設定變數名。

圖 6.22　顯示第一行的記錄對象

如果成功，會顯示「變數名匯入成功」（変数名のインポートに成功しまし た。）（圖 6.23）。

圖 6.23　變數名匯入成功

在變數清單畫面確認設定的變數「分類」、「商品名」及初始值（圖 6.24）。

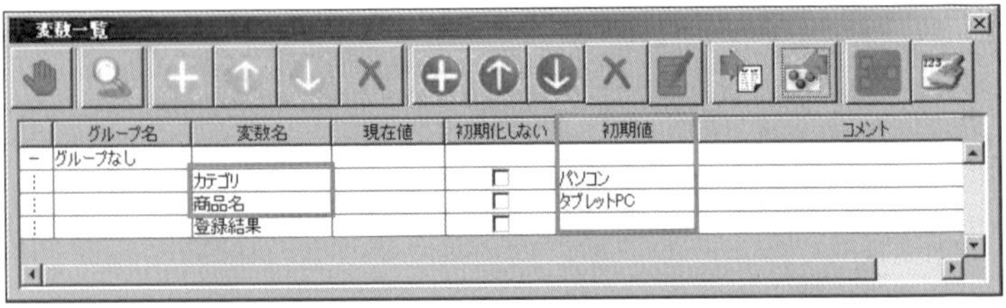

圖 6.24　可以確認初始值

6.3.5 腳本編輯

剛才記錄了對 Web 應用程式的登錄操作，但 CSV 檔與剛才設定好的變數的關聯性，尚未建立。

為了能自動讀取手動輸入實行的部分，編輯動作。雙擊流程圖中的 [清單選擇]，開啟屬性畫面（圖 6.25）。

圖 6.25　雙擊 [清單選擇]

屬性畫面開啟後的狀態，如圖 6.26 所示。在 [選擇內容] 的下拉選單中，選擇剛才設定為變數的「分類」（カテゴリ），點擊 [OK] 來結束屬性設定。

圖 6.26　[清單選擇] 的屬性畫面開啟的狀態

同樣地，雙擊流程圖中的 [字串設定]，開啟屬性畫面（圖 6.27）。

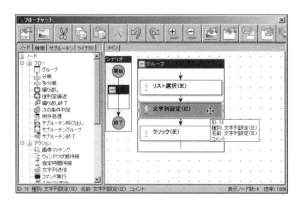

圖 6.27　雙擊 [字串設定]

　　屬性畫面開啟後的狀態，如圖 6.28 所示。在 [設定值] 的下拉選單中，選擇剛才設定為變數的「商品名」，點擊 [OK] 來結束屬性設定。
　　對象屬性的清單方塊與文字方塊不同，所以屬性畫面的標題也不一樣。

圖 6.28　[字串設定] 的屬性畫面開啟的狀態

從腳本編輯移轉到機器人的動作

　將一連串動作叢集的「群組」拖曳及放下到「腳本」流程中，就能從編輯狀態移轉至機器人能動作的狀態。

　圖 6.29 是「群組」放入「腳本」中的狀態。這樣基本上就完成了腳本生成。

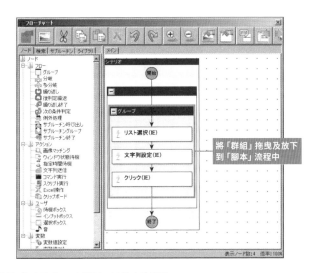

圖 6.29　將「群組」拖曳及放下到「腳本」流程中的畫面

◉指定實際想讀取的 CSV 檔

　與重新開啟變數畫面的步驟相同，開啟關閉的資料清單畫面。顯示資料清單後，點擊 [資料匯入]（データインポート）（圖 6.30）。

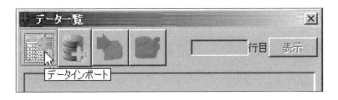

圖 6.30　點擊 [資料匯入]

在檔案選擇畫面中,選擇「商品登錄 .csv」(圖 6.31)。

圖 6.31　選擇「商品登錄 .csv」

「商品登錄 .csv」的資料讀入資料清單畫面中(圖 6.32)。

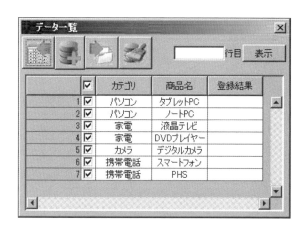

圖 6.32　「商品登錄 .csv」的資料讀入資料清單畫面中

◉執行自動操作腳本

點擊主畫面的 [執行]（実行），執行腳本（圖 6.33）。

圖 6.33　執行腳本

　機器人的動作結束，「商品登錄 .csv」的資料全部讀入 Web 應用程式中（圖 6.34）。

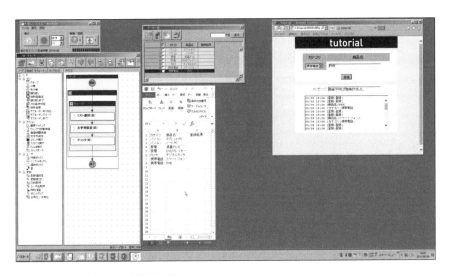

圖 6.34　「商品登錄 .csv」的資料全部讀入

6.4 ‖ 物件式範例：Kofax Kapow

本節介紹 Kofax Japan 提供的「Kofax Kapow」，做為物件式的範例。

Kofax Kapow 的 Design Studio 也是特有的開發環境。有些地方會出現機器人的圖像，讓人有機器人的感覺。

6.4.1 Kofax Kapow 的機器人開發步驟

常見的實例是定義應用軟體 A 與應用軟體 B 之間的處理，如圖 6.35 所示，用 Type 與 Robot 連結。

在 Project 中定義稱為 Type 的變數，這些變數如何移動或者在應用軟體間動作則定義為 Robot。Kofax Kapow 的特徵是以資料為基礎來生成自動化腳本。

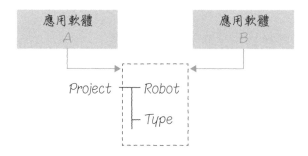

圖 6.35 Kofax Kapow 的機器人開發步驟範例

6.4.2 用 Kofax Kapow 生成機器人腳本

範例 Excel 工作表裡有申請者（Applicant）的清單。將這份清單登載的申請者資訊複製到 Web 的 Customer Information，確認是否為現有客戶，是應用場景中的一個片段。

將申請者的 Name 和 Phone 輸入客戶資訊系統，如果是現有客戶就會顯示資料，如果不是則不會顯示資料（圖 6.36）。

圖 6.36　輸入客戶資訊系統

機器人化的主要處理如下：

- 從 Excel 工作表讀取資料
- 將讀取到的資料貼到 Web 系統
- 在 Web 系統中點擊 [Run]

如果 Customer Information 裡有 Name 和 Phone，就會顯示客戶資料。

6.4.3　初始畫面、生成新專案

圖 6.37 是生成新專案的畫面。初始畫面的左側顯示 My Projects（①）、Shared Projects（②）和 Databases（③）。

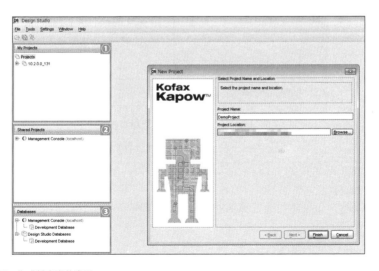

圖 6.37　生成新專案的畫面

選擇 File-New-Project，就會顯示定義 Project 名稱和儲存位置的畫面，輸入 Project Name（DemoProject）和 Project Location。

接下來，生成定義變數 Type、定義機器人 Robot，以及若有必要還包括 Database 等的資料夾。

Projects 之下已經列著看起來像 IP 位址數值的資料夾。這個數值是表示儲存 Kofax Kapow 的版本等級相關資料的資料夾位置。

這裡在 Projects 之下生成 Type 和 Robot，名稱設定如下：

- **Project：DemoProject**
- **Robot：DemoRobot**
- **Type：Applicant**

因為資料項目和量都很少，不生成 Database，但多數情況會生成 Database。首先來生成 Type。

◉生成 Type

在剛才生成的 [DemoProject] 上點擊右鍵，選擇 [New]，會顯示 [Robot] 和 [Type] 等（圖 6.38）。選擇 [Type]，將名稱設定為 [Applicant.type]。

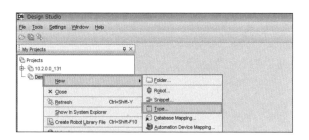

圖 6.38 顯示出 [Robot] 和 [Type] 等

接下來，定義組成 Applicant 的各項資料。需要定義 Name、Attribute Type 等，但開發者只需輸入各項目的 Name，設定屬性選項（圖 6.39）。

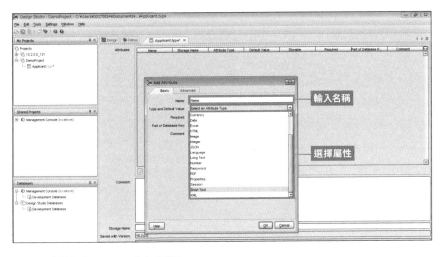

圖 6.39　定義組成 Applicant 的各項資料

這裡依照 Excel 的工作表 Applicant，定義 Name、Phone、Address。輸入後如圖 6.40 所示。

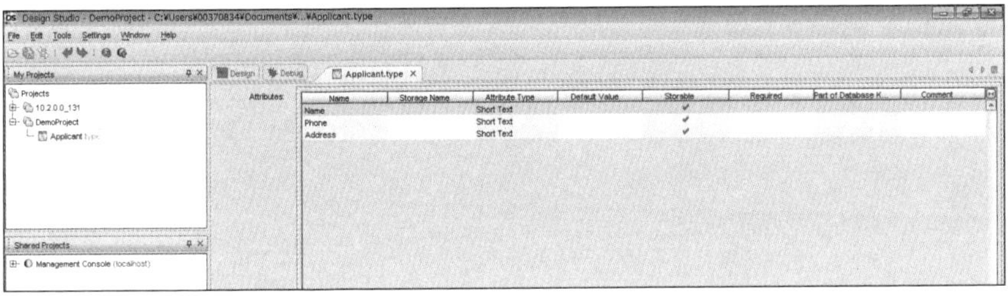

圖 6.40　定義 Name、Phone、Address

●生成 Robot

接下來是 Robot 的生成。

選擇 DemoProject-New-Robot。

和設定 Type 一樣，設定 Robot 的名稱，命名為「DemoRobot.robot」。副檔名是 robot，像是在做機器人的感覺（圖 6.41）。

機器人開發

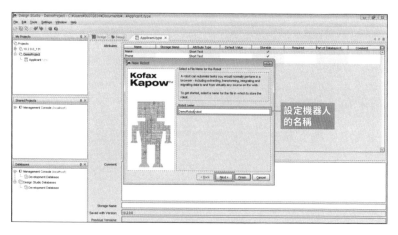

圖 6.41　設定機器人的名稱

　點擊 [Next]，選擇啟動 Robot 的 Excel 檔案儲存位置、Kofax 具備的「引擎」和執行模式（圖 6.42）。

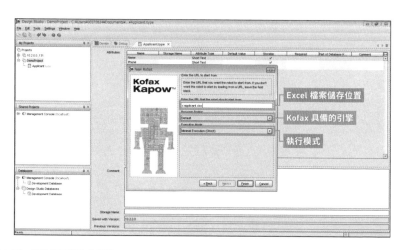

圖 6.42　定義檔案儲存位置等

　這裡每一項都是預設值，選擇 Default、Minimal Execution (Direct)。如此一來，下一個畫面自動生成機器人最初的步驟，也就是生成顯示出載入 Excel 檔案的 Load Page 動作步驟（圖 6.43）。

Design panel 的本疊板形圖形表示 Load Page。中下段則可確認 Excel 工作表的載入情況。

圖 6.43　生成 Load Page 動作步驟

◉生成 Excel 的顯示畫面

如果是人工操作，會在畫面上開啟 Excel 檔案進行作業，所以新增顯示 Excel 的動作步驟。

在步驟最後端所示右邊的⊗符號按鈕上點擊右鍵，選擇 Insert Step Before，接著選擇 Action Step。如此一來，便生成空的動作步驟（本疊板形圖形和 Unnamed）（圖 6.44）。

圖 6.44　新增顯示 Excel 的動作步驟

機器人開發

從右側中段的 Select an Action 選擇顯示 Excel 的 View as Excel（圖 6.45）。
第二個動作步驟 View as Excel 便生成了。

圖 6.45　選擇 View as Excel

6.4.4　讀取變數

　接著讀取變數。看向畫面右下角，Variables panel 是空白的。如果點擊其左下
的「＋」符號，會顯示 Add Variable 的對話方塊。這裡選擇剛才定義好的 Appli-
cant（圖 6.46）。

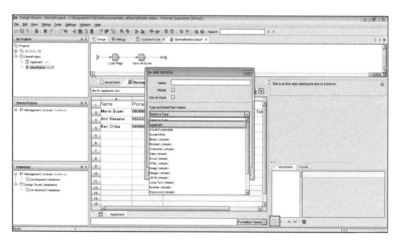

圖 6.46　讀取變數

Applicant 已登錄於 Variables panel（圖 6.47）。

圖 6.47　Applicant 已登錄於 Variables panel

想將 Excel 中的 Name 資料放入 Variables，所以在 Applicant 第一筆記錄對象的 Name 資料上點擊右鍵，選擇 Extract-Text-applicant Name（圖 6.48）。

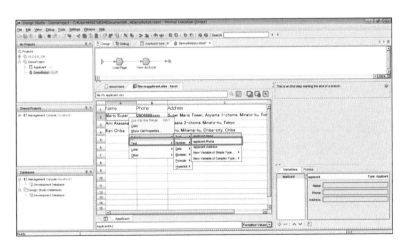

圖 6.48　選擇 Extract-Text-applicant Name

機器人開發

第三個動作步驟 Extract Name 完成了（圖 6.49）。

圖 6.49　Extract Name 完成了

以同樣的方式生成 Extract Phone（圖 6.50）。

圖 6.50　Extract Phone 完成了

6.4.5　載入 Web 系統

以生成顯示 Excel 的同樣程序載入 Web 應用程式。生成空的動作步驟後，從 Select an Action 選擇 Load Page，設定 URL 和存檔位置（圖 6.51）。

圖 6.51　設定 URL 和存檔位置

如此一來，如圖 6.52 所示，可以確認已載入 Customer Information 頁面。

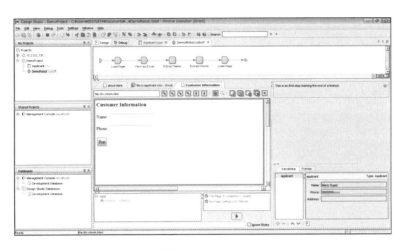

圖 6.52　已載入 Customer Information 頁面

◉將變數輸入 Web 系統

因為已生成 Excel 和 Web 應用程式的動作步驟，終於要輸入資料了。因為想複製 Excel 前段記錄對象的 Name，在 Customer Information 的 Name 文字方塊點擊右鍵，選擇 Enter Text from Variable-applicant.Name（圖 6.53）。

圖 6.53　選擇 Enter Text from Variable-applicant.Name

在動作步驟中生成 Enter Name（圖 6.54）。

圖 6.54　在動作步驟中生成 Enter Name

以同樣的程序生成 Enter Phone。可以透過 Variables 來確認 Excel 的資料是否輸入進去（圖 6.55）。

圖 6.55　生成 Enter Phone

◉點擊 [Run]

生成點擊 [Run] 的動作步驟，就完成一開始所設想的自動化。在按鈕上點擊右鍵，選擇 [Click]（圖 6.56）。

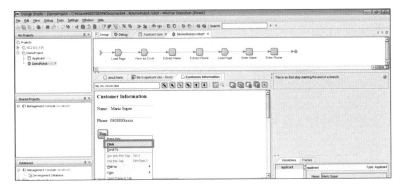

圖 6.56　生成點擊 [Run] 的動作步驟

●新增 Return Value

最後加上稱為 Return Value 的動作步驟就完成了（圖 6.57）。這是為了在 Debug 模式時，能顯示執行機器人流程後的回傳值。

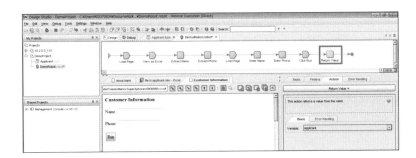

圖 6.57　生成點擊 Return Value 的動作步驟

動作步驟共九項，實機安裝時去掉 Return Value。以這個 demo 為例，人所意識到的主要步驟是從 Excel 到 Web 的兩次複製，以及點擊 [Run]，共三個步驟。

由此可以了解，對機器人而言，載入各應用軟體、輸入變數等細微的定義（指示）都是必要的。Kofax Kapow 雖是特有的開發環境，習慣之後，需要自己輸入的部分很少，能夠很快設定。

這裡為了檢視特徵，只試做第一筆記錄對象，如果要對第二筆、第三筆記錄對象反覆進行同樣的操作，使用 Loop。

6.5 ‖ 程式設計式範例：Pega

本節介紹 Pega Japan 提供的「Pega Robotic Automation」，做為程式設計式的範例。

Pega 是利用 Microsoft Visual Studio 做為開發平台。因為與 Visual Studio 的程式開發程序幾乎相同，有程式設計經驗的人會覺得很熟悉。

筆者對 Pega 的第一印象是，與其說是機器人開發，更像用 Visual Studio 來設計程式。因為必須了解 Solution、Project、Event、Property、Method 等術語，沒有程式設計經驗的人可能多少覺得有點困難。

6.5.1 Pega 的機器人開發步驟

常見的實例是定義應用軟體 A 與應用軟體 B 之間處理的步驟，如圖 6.58 所示。

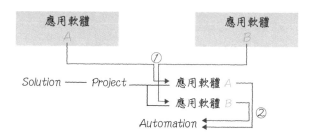

圖 6.58　Pega 的機器人開發步驟範例

在 Solution 中，①分別生成與應用軟體 A 建立關聯性的 Project 以及與應用軟體 B 建立關聯性的 Project，②將各 Project 的事件或屬性等元件配置到 Automation。

因為只生成可以接收的應用軟體數的 Project，一旦記住了就很容易了解步驟。

用 Pega 生成機器人腳本

應用程式「MyCRM」是用 .NET 開發的，在畫面左上方輸入客戶編號，左側會顯示客戶資訊，右側顯示最近的購買資訊（圖 6.59）。這是設想客戶打電話到辦公室或客服系統時，確認配送狀況並回答的場景。

圖 6.59 用 .NET 開發的應用程式「MyCRM」

具有駐點的文字方塊（Last Tracking #）裡，輸入了宅配單的編號。
要機器人化的處理如下：

- **用 .NET 應用程式複製宅配單編號**
- **輸入到黑貓宅急便的網站**
- **點擊網站上的 [查詢]（問い合わせ）按鈕**

貼上從 .NET 應用程式的文字方塊（Last Tracking #）複製過來的值（圖 6.60）。貼上之後，點擊 [查詢] 按鈕。

圖 6.60　貼上從 .NET 應用程式的文字方塊複製過來的值

頁面顯示了配送狀況，所以接電話的人可以向客戶說明配送情況（圖 6.61）。

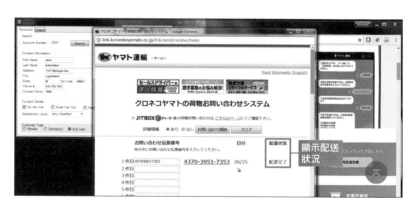

圖 6.61　顯示配送狀況

◉初始畫面

圖 6.62 是 Pega Robotic Automation 的初始畫面。預設畫面是上端為工具列（①），中央是設計視窗區（②）。各種工具視窗的位置是，左側為 Solution Explorer（③）、右側上方為 Object Explorer（④），下面則是 Toolbox（⑤）。工具視窗還有 Debugging windows 和 Navigator 等。

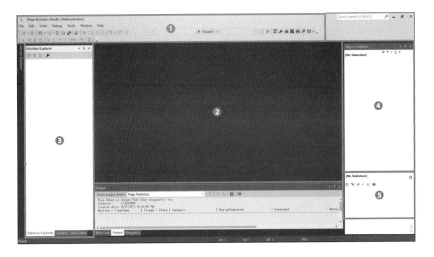

圖 6.62　Pega Robotic Automation 的初始畫面

6.5.3　運用 Pega 的機器人開發

終於要進行機器人的開發了。

◉生成新專案

首先是生成新專案。選擇 File-New-Project，輸入 Project Name、Location、Solution Name（圖 6.63）。

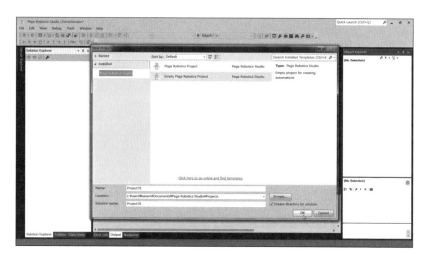

圖 6.63 輸入 Project Name、Location、Solution Name

●建立與 Windows 應用程式的關聯性

當 Solution Explorer 顯示新的 Project，選擇 Project-Add-New Windows Application，建立 Project 與 .NET 應用程式的關聯性（圖 6.64）。

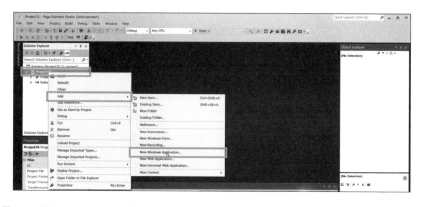

圖 6.64 建立 Project 與 .NET 應用程式的關聯性

後文開始將 .NET 的應用程式統稱為 Windows 應用程式。

接著，畫面變成如圖 6.65，建立「MyCRM」執行檔與左下具有駐點的 Path 的關聯性。檔名是「MiniCRM」。

圖 6.65　建立「MyCRM」執行檔的關聯性

接下來，為了從機器人來分析對象應用程式，點擊 [Start Interrogation] 開啟 Interrogation Form。左上角的三圈記號是 Interrogation Form（圖 6.66）。

圖 6.66　利用 Interrogation Form 來分析

在 Pega 的機器人開發中，Interrogation Form 扮演非常重要的角色。

Interrogation Form 能透過監控應用程式的內部結構或監控動態連結函式庫之間的呼叫，讓機器人端可以了解應用程式的結構。

拖曳 Interrogation Form 到 Last Tracking# 的文字方塊上，「MyCRM」應用程式的結構就會顯示於 Object Explorer。

Last Tracking # 做為 txttxtLastTrackNum，位在 Object Explorer 的「MyCRM」結構的最下層。

◉建立與 Web 應用程式的關聯性

接著是生成 Web 應用程式用的 Project，用同樣的步驟分析 Web 應用程式並建立關聯性（圖 6.67）。和前文說明 .NET 應用程式時一樣，將 Interrogation Form 拖曳到包裹的 [查詢] 文字方塊和 [查詢] 按鈕。

圖 6.67　分析 Web 應用程式並建立關聯性

用 Interrogation Form 讀入文字方塊和按鈕時，以 html 的原始碼為依據，Object Explorer 會與 Windows 應用程式的情況一樣顯示結構。

◉定義自動化

將已分析的兩個應用程式的元件做為自動化的定義來做連結。

在 Solution Explorer 中,用 Add-New Automation 生成 Automation (圖 6.68)。

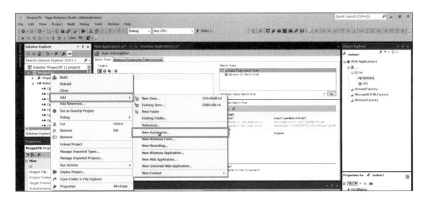

圖 6.68　生成 Automation

　　如圖 6.69 所示,顯示全新空白的 Automation 設計視窗畫面。在這裡放入已分析的元件。右邊 Object Explorer 的上端顯示 Web 應用程式的結構,下端則顯示 Windows 應用程式的結構。

圖 6.69　Automation 設計視窗畫面

當 Last Tracking # 的值顯示出來（發生變化），就會啟動自動化。

在右邊的 Object Explorer 中選擇 txttxtLastTrackNum，然後選擇 TextChanged 事件，再拖曳到設計視窗（圖 6.70）。

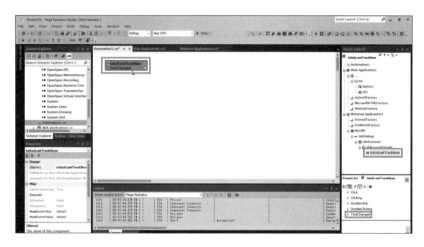

圖 6.70　放入已分析的元件

依同樣的方式，新增 Windows 應用程式的文字方塊（圖 6.71）。

接下來，複製到 Web 應用程式的文字方塊，最後配置點擊 [查詢] 按鈕。

圖 6.71　新增元件

資料流程用藍色連接線連結，處理流程用黃色連接線連結。這樣一來，如圖
6.72 所示，機器人完成了。

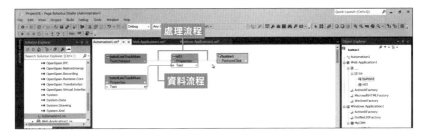

圖 6.72　機器人完成了

◉用偵錯來確認

保險起見，輸入其他宅配單編號，偵錯確認。配送狀況顯示「已送達」（配達
完了）（圖 6.73）。

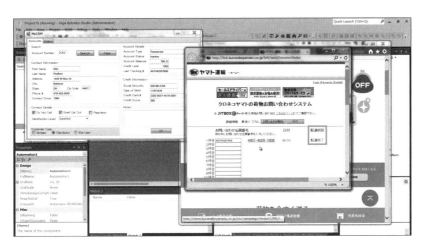

圖 6.73　偵錯確認

Windows 應用程式對象元件的分析、Web 應用程式元件的分析、將自動化的
定義以流程的形式來配置並定義，這些都已完成。基本上，只需要拖曳及放下即
可進行設定。

6.6 │ 設計畫面範例：Blue Prism

至此看過了不同類型的機器人開發範例，本節接著說明與設計有關的範例。隨產品而異，有些產品可以推動程式設計與程式開發一體化。

6.6.1 Blue Prism 的設計概念

舉例來說，將登入特定的核心系統或業務系統並登錄資訊的操作自動化後，有時由於對象系統版本升級等因素，系統的規格會變動。考慮到這些狀況的維護等，建議以個別系統為單位來生成物件，並且定義登入和登錄等動作。

因為機器人存取各系統時，會呼叫對象系統的物件來執行必要的處理，希望在該物件改正時，機器人容易維護。

6.6.2 設計畫面的範例

圖 6.74 是在 Blue Prism 原有的開發環境 Object Studio，啟動 Internet Explorer（IE）顯示的頁面中，輸入字串並檢索的操作設計畫面範例。啟動 IE 後，輸入要檢索的字串到按下檢索按鈕的一連串步驟操作流程，都繪製於圖中。因為能列印出畫面的內容，也可做為說明書。

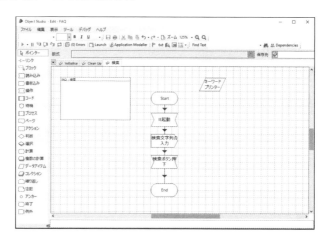

圖 6.74　在 Object Studio 輸入字串並檢索的操作設計畫面

圖 6.74 的畫面看起來只有設計機器人的操作流程，但實際上開發畫面是與此一致的。

6.6.3 雙擊連結了設計與開發

圖 6.75 是在流程中「按下檢索按鈕」（検索ボタン押下）這個步驟進行雙擊後，顯示的屬性畫面範例。

圖 6.75　在「按下檢索按鈕」步驟雙擊後所顯示的屬性畫面

在這個畫面中，定義了點擊 IE 顯示頁面裡「檢索按鈕」的動作。中間上方「動作」（アクション）的 Element 欄位是「檢索按鈕」（検索ボタン），Action 欄位是「Click Centre」。

點擊右下的 [OK] 後，會回到剛才的設計畫面。

重視設計工程的人，或許比較適合這種類型的產品。

6.7 ‖ 機器人檔案的設計

如同截至目前的說明，機器人開發因產品而有不同的思考方式和步驟。因此，換言之，機器人程式設計開發的前段作業，也就是機器人的程式設計，因產品而有差異。

6.7.1 在工程中的定位

所謂瀑布式工程（Waterfall，參見 8.7），是將開發和製造的工程進一步細分，有時是以程式設計、程式開發和程式單機測試來說明（圖 6.76）。

圖 6.76　程式設計工程

在業務系統的整體開發中，機器人設計對應到程式設計、機器人開發對應到程式開發、機器人單機測試對應到程式單機測試。

即使如本章所述，終端裝置操作相同，希望大家可以了解各種 RPA 產品開發的步驟和思考方式是不同的。

因為隨產品而有不同的定義方式，機器人檔案的設計基本上是依附於產品。比方說，前文最後介紹的程式設計式產品是生成各應用程式的專案來推動。其他有些產品則是在很少的專案裡放入許多物件。

因此，需要運用各個產品的特性來推動設計。姑且不論產品的差異，一般來說，程式設計的元件化和分類（classification）等概念也很重要。

COLUMN

元件化趨勢的線索

設計程式時,建議從提高生產力和整合性的觀點,有意識地分類和元件化。像做頭腦體操一樣,從另一種角度來思考元件化。

●元件化趨勢

思考分類時,來看看線上購物所提供的線索(圖6.77)。

```
商品銷售 —— 共通要素 ┬ 物品 —— 需要配送 —— DVD、書
                      └ 內容 —— 無須配送 —— 音檔、ebook
```

圖 6.77 線上購物範例

共通要素是數量、價格、稅金等。

之後要思考的重點是,東西是物品還是內容、是否需要實體配送等。關於內容,需要思考後台作業系統的著作權管理等。商品的管理方式不同,相較於是否需要配送,優先考量商品是物品還是內容比較適當。

●用 RPA 的例子來思考

和思考線上購物的情況一樣,以運用 RPA 的系統為對象,且操作較多的系統為例來思考(圖6.78)。

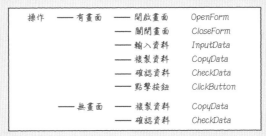

```
操作 —— 有畫面 —— 開啟畫面    OpenForm
              —— 關閉畫面    CloseForm
              —— 輸入資料    InputData
              —— 複製資料    CopyData
              —— 確認資料    CheckData
              —— 點擊按鈕    ClickButton

      —— 無畫面 —— 複製資料    CopyData
              —— 確認資料    CheckData
```

圖 6.78 用 RPA 來思考分類和元件化的範例

同樣的操作看起來次數很多的話,元件化就能派上用場。此外,命名的方式也讓人想到程式設計的概念。

更貼近使用者部門的 RPA

隨著 RPA 系統開發的進展，從外部供應商的角度來看，有幾點需要留意。

●進駐「大房間」

當系統開發的規模越來越大，業者進駐使用者企業資訊系統部門的型態也增多。簽訂系統整合（system integration, SI）契約的供應商員工會集結在稱為「大房間」（obeya）的整個樓層，規模更大的話甚至可能占據整棟大樓。員工每天帶著客戶企業組織發行的 ID 卡，到不是自家公司的客戶公司上班。

這是要導入大規模的新系統或是更大規模的系統更新專案時，常見的光景。

● RPA 的情況

導入 RPA 的情況類似。要說兩者的差別，就是 RPA 的情況更貼近使用者。不僅是資訊系統部門，有些例子是進駐終端使用者部門。之所以採取這種方式，是為了以使用者所用的系統和應用軟體為先決條件來導入 RPA。

多數情況下，RPA 是運用於對現有應用軟體的操作，但現有的環境因使用者部門而異，所以集結在使用者部門是最有效率的方式。

當然，如果可以把使用者部門的環境重現於資訊系統部門，在「大房間」進行開發也是可能的。然而，RPA 有別於 EUC 完成的產物或者使用者平常所用的核心系統或業務系統的各種應用軟體和其使用方法，所以要在其他地方重現並非易事。

不僅是開發，包括需求定義（requirements definition）工程，以及在此之前的業務和操作的可視化工程，都需要深入使用者部門。

第 7 章

業務和操作的可視化

7.1 || 開發機器人之前

　　關於機器人檔案的開發，如果能釐清使用者的具體操作和處理，就能推動開發；如果沒有，好不容易習得的技能無法派上用場。

　　為了生成機器人，需要知道使用者進行什麼樣的操作，如果不知道那項操作的業務定位或業務內容本身，對使用者來說就不算是有利用價值的機器人吧。那只不過是堪用的機器人。

　　本節彙整機器人開發前段工作的推動方式。

7.1.1 機器人開發之路

　　本書已依序說明了 RPA 的基礎知識、趨勢、產品學習、相近技術、RPA 軟體，以及機器人開發。

　　然而，與機器人開發直接相關的工程，需要依下列順序來推動：業務和操作的可視化、使用者需求整理、機器人開發。

　　業務和操作、使用者需求整理、機器人開發，其中的關係是「業務＞操作＞使用者需求整理≒機器人開發」。

　　業務中除了電腦操作，還有其他工作。再者，這些操作無法全部替換為 RPA。RPA 僅涵蓋電腦和伺服器的部分操作，操作範圍比整體操作範圍小。

　　也有使用業務系統或 OCR 的場景、使用 AI 的場景等，或者難以替換為新技術的操作。

7.1.2 從可視化到開發的三個階段

　　了解業務和操作，以及機器人的關係之後，將相關工程改為左右展開的圖。為了讓讀者再次了解本書的組成結構，圖中附註各章章次（**圖 7.1**）。

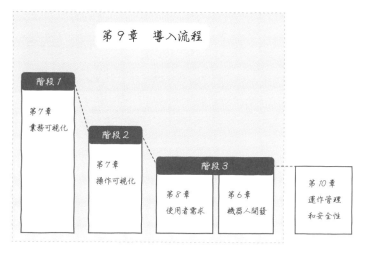

圖 7.1　本書後半部組成結構和三個階段

　　從業務可視化、操作可視化、使用者需求到機器人開發，筆者將範圍大小的差異以階梯段差的關係來表示，所以稱為「三個階段」。

　　在業務可視化之後，也完成了部分業務的操作可視化，接著從使用者需求整理進入到開發。依照這個順序進行，能讓作業內容更具體。

7.2 || 業務可視化的必要性

將人工操作替換為機器人時，需要讓現有業務和如何進行桌面操作以完成業務的作業可視化。

因為是將人工電腦操作替換為 RPA，最後必須達到操作層級的可視化。

7.2.1　有資料的情況

思考「想在某個業務中推動導入 RPA」時，一開始通常是確認是否有對象業務的操作手冊、企業流程、系統流程等資料。

如果有資料，就能某種程度掌握如**圖 7.2** 所示的流程，以及流程的名稱、人時（man-hour，一人一小時的工作量）、輸入和輸出等業務概要。掌握之後，進一步確認應用 RPA 的對象流程的操作程序。

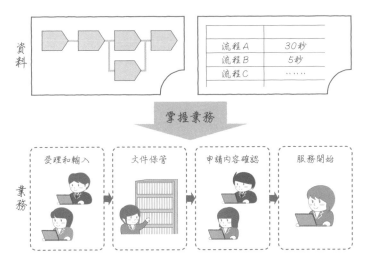

圖 7.2　有資料的情況

176

沒有資料的情況

如果沒有業務的說明資料，為了執行可視化的活動，必須先生成資料。在沒有資料的狀態下就開始確認 RPA 應用對象的操作，之後會搞不清楚要在整體中的哪個部分導入 RPA、為了什麼目的導入等。

不知道為什麼開發機器人檔案、甚至是變更或新增時的基準、最終部署的基準等就開始進行，是很危險的。為了釐清「業務的這個部分是為了這個目的而應用 RPA」之後再推動，必須有做為基礎的業務資料。

7.2.3 比較導入前後的情況

未能可視化的工作之所以要可視化，基本上是為了比較導入前與導入後，亦即可視化是為了確認導入前的現況。特別是如果要將 RPA 導入整個部門或全公司，需要確保投資預算。這樣必須以數字來表示能夠獲得多少效益。

因此，即使掌握業務內容，有時也會為了再次確認最新狀況而進行可視化。

7.2.4 新舊業務的名稱

現有業務有時稱為 As-Is（現有狀態），導入後的新業務稱為 To-Be（未來狀態）。

整理如**表 7.1**，劃分為三項。

表 7.1　新舊業務的名稱

現有業務	新業務	業務新變更的要點
As-Is	To-Be	To-Be 有未來和理想狀態兩種含意
導入前	導入後	強調新技術或系統等的導入

To-Be 一詞有時用來表示理想狀態，所以有人認為 As-Is 的分析並非必要。

的確，以輸入和輸出為先決條件的業務理想狀態來設計，姑且不論實現的可能性，大抵上都會變成與現有業務不同的流程。

7.2.5 操作位於業務的層級之下

操作的位階是在業務之下的階層。在業務層級，會設計受理業務如何進行比較理想和正確、受理之後的處理理想狀態該怎麼做等。

即使設想了業務層級的 To-Be，如果同樣要設想桌面的操作細節，因為過於瑣細，所以很難想像。

如第 6 章的具體說明，如果沒有詳細的操作腳本，無法進行機器人腳本的設計和開發。靠想像來設計不是不可能，但無法得知機器人是否能用。

因為有上述考量，本書前面章節避免使用 To-Be 一詞。

下一節開始將解說業務和操作的可視化。

7.3 業務可視化手法

首先從業務可視化的手法開始說明。

為了進行業務可視化，有幾種方法。可視化的目標是生成「企業流程」和「操作流程」。本節介紹達成這項目標的手法。

7.3.1 業務可視化的三種手法

為了生成業務可視化的相關資料，經常採取的做法包括訪談、生成作業研究表，以及由研究者來觀察等。

◉訪談

研究者訪談業務的負責人和相關人士。這是最基本的做法。

◉作業研究表

研究者生成和提供作業研究表給業務負責人，後者記錄業務的時間和工作量等。需要注意研究表的版面配置和填寫方法等。

◉由研究者來觀察

研究者站在業務負責人後方或是坐在旁邊，觀察業務狀況並記錄。

了解三種手法的概念後，接下來分別詳細說明。

7.4 訪談

訪談是業務可視化的基本手法。為了有更好的機器人設計，掌握使用者的課題和需求至關重要。從與使用者溝通順暢的觀點來看，訪談也很重要。

7.4.1 訪談的進行方式

研究者對業務負責人進行訪談。對於業務負責人，明確訂出訪談的目的和想生成的資料等。

研究者要做的準備是，事先評估要詢問的項目，生成如**表 7.2** 的訪談表。

表 7.2　訪談表範例

訪談項目	訪談結果
業務名稱	契約支援
業務概要	估價單、請購單、各種契約書的生成和保管
負責業務	估價單、請購單的生成
開始時間	9:00
結束時間	17:30
處理量	一天約二十件
PC 操作	客戶關係管理、庫存管理系統、Excel
操作內容	輸入（生成）、確認、發送
·	
·	

筆者以前進行訪談時，邊看筆電畫面的訪談表邊詢問，當場輸入對方的回答。

對筆者來說，筆電像是訪談的「緩衝」。因為要輸入資料，自然而然地看畫面的情況很多，不會一直盯著對方，優點是雙方容易交談。

訪談時營造容易交談的氛圍等氣氛，也是很重要的。

訪談高手

如果是高手，也有人能邊訪談，邊當場生成企業流程並確認。

受訪者　　　　　　　　　　　　　　訪談者
　　　　　　　　　　　　　　　　　（高手）

圖 7.3　高手的技巧

　　要將企業流程和各自的角色等可視化，像高手一樣邊訪談邊生成流程是最有效率的。掌握整體業務的人對各流程的負責人進行訪談，就能生成企業流程。

　　為了檢視企業流程，也必須確認流程中的人事變動和工程變更等。

　　還要讓設計機器人檔案的人，能夠確實與業務負責人訪談。

　　此外，訪談會受業務負責人的主觀看法影響，為了避免這種情況，增加客觀性，同時採取 **7.5** 說明的作業研究表等其他方法，效益更佳。

7.5 作業研究表

7.5.1 作業研究表是什麼？

事先將作業研究表發給業務負責人，供填寫一定期間內的業務狀況。「研究表」有時也稱為「研究單」。

研究表適用於研究業務負責人的業務順序、所需時間、處理量、人時等。

研究表常見的格式是，縱軸為時間，橫軸並列著各項業務（表 7.3）。

表 7.3　作業研究表範例

時間	估價單生成		附件資料生成		電郵	
9	1	給翔泳社的	1	給翔泳社的		
	1		1			
	1	↓	1	↓		
					1	給翔泳社的
					1	公司內相關人員
10						

表 7.3 的範例是以十分鐘為單位，輸入做了哪些活動。這個例子是從 9 點到 9 點 30 分生成估價單，所以在「估價單生成」的三個欄位輸入 1。

7.5.2 生成研究表時的注意事項

研究表是請使用者直接填寫。因此，總之容易填寫的版面配置很重要。

假設以縱向為時間軸、橫向為業務來思考。這時若時間單位區分過細，很難填寫。如果業務太多也無法填寫，所以紙張和畫面大小多少需要統合。

此外，研究後研究者需要統計等，填寫在紙本上的內容轉成資料很費工夫。考慮後續處理，也必須考量填寫型態，如輸入至 Excel 檔案或簡單的 Web 系統等。

如果用紙本，對填寫的使用者負擔小，而且版面配置的自由度較高。另一方面，雖然 Web 的版面配置自由度低，但能夠減少研究者的負擔。Excel 是介於兩者之間。

　　不管提供哪一種形式，都要留意盡可能不妨礙使用者的業務（圖 7.4）。

　　然而，使用作業研究表的研究，雖然比訪談所得的數字精確度高，但因為是人來填寫或輸入，多少會有誤差。

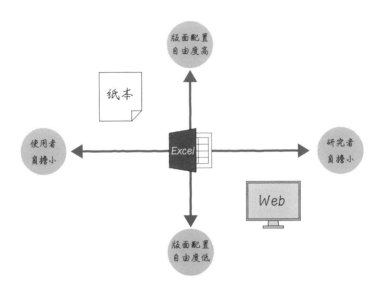

圖 7.4　紙本、Excel 還是 Web

7.6 || 由研究者來觀察

7.6.1 研究者的觀察方式

相較於訪談和研究表，由研究者來觀察幾乎不會造成使用者的負擔，研究的一方投入時間做調查。

研究者站在業務負責人後方或是坐在旁邊，觀察業務如何進行。

進行研究時，建議在手臂上配戴「研究者」臂章。

7.6.2 觀察時的注意事項

觀察時，需要事先決定觀察的重點。如果不是專門的研究者，先做一些練習和演練，再進行正式的觀察。

集中觀察業務負責人在做什麼、檢視業務流程和輸入輸出、察看例外處理的頻率和做法等，確認事先關注的重點為佳。

此外，和研究表一樣，以半天、一天、數天等多長的期間來實行，甚而何時執行，也是重要事項。特地派出人手進行研究，要避開無法展現必要業務場景的期間等。比方說，如果要察看平常的企業流程，錯開月底等繁忙期比較好。

訪談和研究表只能進行企業流程和人時的統計，由研究者來觀察還能生成操作流程。

企業流程和操作流程範例

至此已解說了可視化，這裡介紹企業流程和操作流程的範例。

●企業流程概要版範例

首先，說明表示業務概要的範例，也就是以「業務流程模型和標記法」（Business Process Model and Notation, BPMN）為基準生成的文件管理業務。這項業務是用掃描器讀取要提交給公家機關的文件，登錄至系統之後，新增輸入各種資訊，以統一管理（圖7.5）。

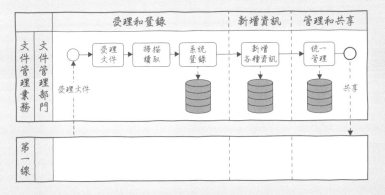

圖 7.5　文件管理業務的「業務流程模型和標記法」範例

以管理文件的部門從第一線部門受理文件為起點開始描述。

一開始的受理和登錄流程，由受理文件、掃描讀取、系統登錄三項活動組成，之後的部署是新增資訊、管理和共享的流程。

圖 7.5 中的起點和終點是使用不同粗細的○記號，各項活動則用圓角矩形來表示，依「業務流程模型和標記法」的規則來標記。

●企業流程詳細版範例

圖 7.6 是某公司的事業企業流程範例，實物為 A3 大小。這個例子由超過二十項活動（圓角矩形）組成。

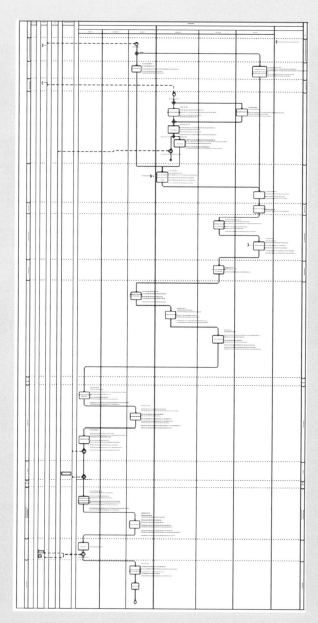

圖 7.6 企業流程詳細版範例

上面兩個企業流程範例是用依據「業務流程模型和標記法」的 iGrafx 企業流程繪圖軟體生成，但實際上用 Excel 或 Visio 等的人可能較多。

●操作流程範例

統整畫面遷移和操作的範例（表 7.4）。

表 7.4　操作流程範例

分類	流程	系統	畫面	欄位	動作	桌面	現況	導入後
受理	受領申請單	—	—	—	—	—	180	180
	OCR 讀取	—	—	—	—	—	60	60
	資料確認 1	貸款 α	PC000	桌面圖示	雙擊	LND007、LND008、LND	10	3
			LS001	ID、密碼	輸入	LND007、LND008、LND	30	
			LS005	選單、呼叫申請單	點擊	LND007、LND008、LND	10	6
			LS021	申請單編號	輸入	LND007、LND008、LND	30	
			LS022	商品別、金額、預定日期	確認有無資料	LND007、LND008、LND	90	

這裡介紹的是用 Excel 生成的操作流程的一部分。

能共享成品概念的階段之後，接下來看操作的可視化。

7.7 To-Be 設計的起點：機器人記號

將業務可視化的理由大致有兩點。一是了解 As-Is 的現有業務，再者是做為導入 RPA 後的 To-Be 參考。

本節解說用來描繪導入 RPA 之後業務層級的機器人記號。

7.7.1 機器人記號是什麼？

機器人記號是用來表示機器人的梗概。

RPA 的導入與第一線部門、資訊系統部門，以及除此之外的其他部門都有關聯。特別是全公司導入，相關人員相當多。

因此，即使對不熟悉系統的人，也能用圖來表示「這項業務的這個地方使用 RPA」，就能讓相關人員共享資訊（**圖 7.7**）。

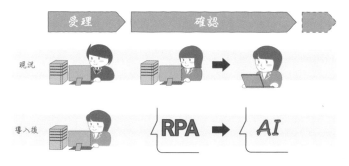

圖 7.7 機器人記號範例

像這樣用簡明的圖來表示人、RPA、AI 等。因為沒有特別的既有規定，最早製作簡明圖示者的機器人記號，該企業組織多半就會採用。

7.7.2 To-Be 設計

伴隨業務的可視化，可以用機器人記號來表示在哪裡運用 RPA，描繪導入後的狀態。

如果不知道哪些業務運用 RPA，顯然無法描繪導入後的狀態。

7.8 操作可視化手法

7.8.1 業務可視化與操作可視化的關聯

操作的可視化隸屬於業務的可視化之下，需要更詳細的研究來定位。

完成企業流程可視化之後，實際應用 RPA 來讓操作可視化。

當然，如果已經完成企業流程的可視化，把焦點放在操作的可視化即可。

7.8.2 桌面操作可視化

桌面的操作可視化大致有兩種方法。

一種是對應用軟體使用狀況的研究，另一種是對使用畫面的研究。

◉對應用軟體使用狀況的研究

在對象桌面裡安裝專用軟體，取得「應用軟體使用狀況」和「檔案使用狀況」等資訊。

希望進行 RPA 化的處理，是操作時間長或頻率高的操作。如果使用專用軟體，就能以秒為單位來正確量測。如此一來，便可將實際上花費多少時間、人時或者進行多少工作可視化。

◉對使用畫面的研究

從 Windows 的功能等來取得業務負責人的操作紀錄等。這是最貼近機器人檔案設計的研究。

需要確實掌握具體的畫面遷移，以及畫面中哪裡具有駐點執行了處理。

下一節開始會分別解說各個研究範例。

7.9 ‖ 應用軟體使用狀況研究範例

本節介紹藉由軟體進行終端裝置操作的使用狀況研究範例。

希望 RPA 化的操作，基本上是耗時的操作。耗時意味著使用對象應用軟體的時間，占基準時間一天、半天、一小時中相當大的比重。

這類研究的對象是軟體，所以這裡也用軟體來進行研究。

7.9.1 藉由軟體來研究使用狀況

這是測量應用軟體執行時間最準確的方法。事先在執行操作的終端裝置裡安裝專用軟體，測量使用時間。

如果沒有測試就做測量，正式研究時可能無法測量，或是造成動作出現問題，所以事先必須進行測試。

用軟體來研究的好處是，能以秒為單位來測量準確的使用時間。

有各式各樣的軟體能研究使用狀況，如果選擇重視績效，委託外部合作廠商來驗證的話，請留意要與合作廠商的作業協作。

企業組織藉由監控各個桌面來分析安全軟體的紀錄檔，也能獲得和專用軟體一樣的資訊。

若是公司自行研究，請向資訊系統部門等取得使用紀錄檔的許可再進行。此外，研究結束後別忘了解除安裝。

7.9.2 實際研究範例

以範例來看實際上可以如何檢視應用軟體的使用狀況。這是用筆者的電腦撰寫本書原稿時的研究案例。

雖然筆者是用 Word 和 Excel 等來撰稿，但這裡所示的例子是實際研究當時的軟體使用狀況。

這項研究試著使用免費軟體「ManicTime」來進行。請看圖 7.8。右邊是使用開始時間（測量開始時間）和結束時間。在這個例子裡，測量時間是右上角顯示的 1 小時 29 分。

這段時間內沒有中斷地使用電腦，用了多個應用軟體。實際的畫面中，以不同顏色來表示應用軟體的使用狀況。

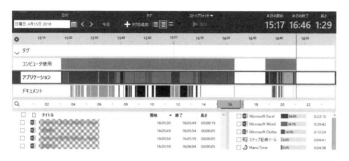

圖 7.8　應用軟體的執行時間

此外，希望大家留意的是右下角的視窗，這裡可以確認各個應用軟體的執行時間。順帶一提，左下角視窗可以確認各個檔案的使用時間。

放大右下的部分來看看吧（圖 7.9）。Excel 是幾分幾秒、Word 是幾分幾秒等，可以確認各個應用軟體的使用時間。

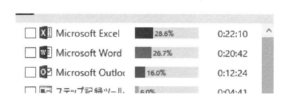

圖 7.9　可以確認應用軟體的執行時間

如果能將 RPA 應用在耗費人時的操作上，導入效益就會很大。實際上需要花費多少時間、真的用那麼多時間嗎，用數字來確認是很重要的。

這裡介紹了使用免費軟體的範例。

然而，實際安裝至終端使用者的電腦進行驗證時，希望注意下面三項要點。務必避免業務因而停頓，甚至業務無法進行的狀況。

①事先在同樣規格和軟體組成的電腦裡測試是否能正常動作

特別是要事先確認是否有占用記憶體很大容量的軟體或業務系統。

②掌握紀錄檔等在期限內會變得多大

若是取得操作紀錄檔來分析的軟體，請確認紀錄檔的資料夾位置。因為可能需要擴充特定資料夾的大小，要事先估算。

③研究時期和期限及取得資料的時機

和業務可視化的情況一樣，必須選擇對象操作的進行期限和時期。

先釐清上述三點，再進行實際的測量。

7.10 使用畫面研究範例

思考 RPA 化時，當然需要考量使用狀況和必需的時間，但如果不知道使用畫面的遷移，就無法設計和開發機器人檔案。

本節介紹用來記錄操作者的畫面操作並可視化的工具「PSR」。

筆者在支援客戶公司導入 RPA 時，也曾利用 PSR 來將操作者的操作可視化。PSR 是 Windows 7 以降作業系統標準搭載的功能，無須額外費用，是有優異功能的便利工具。

7.10.1 PSR 是什麼？

PSR（Problem Steps Recorder，問題步驟收錄程式）是 Windows 裡能自動記錄使用者對畫面所做的操作的工具。

透過擷取對視窗物件的滑鼠操作或鍵盤操作的畫面來記錄。伴隨畫面遷移的記錄，可以追蹤進行了什麼樣的操作。

7.10.2 PSR 的啟動方式

按下 [Windows] 鍵和 [R] 鍵（圖 7.10）。顯示 [執行]（ファイル名を指定して実行）視窗時，輸入「psr」，點擊 [確定]（OK）。如此一來，如圖 7.11 所示，顯示稱為 [步驟收錄程式]（ステップ記録ツール）的小視窗。

圖 7.10　執行

圖 7.11　步驟收錄程式

7.10.3 PSR 的使用方式

按下 [開始收錄]（記録の開始）後，執行想記錄的操作。

一連串的操作結束，點擊 [停止收錄]（記録の停止）。

進行滑鼠點擊等動作時游標會移動，在游標顯示為紅色圓形時會擷取畫面。舉例來說，複製 Excel 工作表中的車站名稱，貼到路線資訊網站，來檢視路線和時間等。結果如圖 7.12 所示，預覽畫面中顯示進行了什麼樣的操作。

圖 7.12　預覽畫面中顯示操作內容

　　PSR 提供三種模式：「Review the recorded steps」（檢閱已收錄的步驟）、「Review the recorded steps as a slide show」（以投影片方式檢閱已收錄的步驟）和「Review the additional details」（檢閱其他詳細資料）。

　　如果當下要確認的話，第二個投影片模式比較便於觀看。點擊 [儲存]（保存）就可存檔，關閉視窗時選擇 [否]（いいえ）就不會存檔。

　　存檔時，檔案是以 ZIP 形式儲存。解壓縮後會出現 mht 檔案。開啟時會啟動 Internet Explorer，並出現和剛才預覽畫面相同的內容，就可以進行確認。

　　圖 7.13 是步驟三畫面的範例，可以看出正要複製輸入了資料的儲存格。

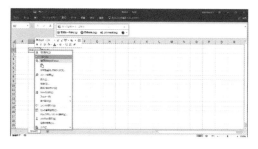

圖 7.13　預覽畫面範例

　　點擊 PSR 標題列右下方的▼並選擇 [設定]，就能進行儲存的圖像數目等其他設定（圖 **7.14**）。

圖 7.14　PSR 的設定畫面

　　預設是二十五張擷圖，如果需要更多擷圖，在這裡變更數目。

業務和操作的可視化

COLUMN

需要有多好的英語能力？

第 6 章說明機器人開發時也看過一部分，現在很多產品的畫面是用英文表記。為了讓大家習慣這樣的狀況，特意直接用各家產品的英文畫面來說明。

即便各個產品的畫面本身是英文，仍逐漸開始提供各種語文版本的操作手冊，並漸漸增加其他語文版本的畫面。

另一方面，要開始學習或開發時，有人會想「需要有多好的英語能力？」吧。一個基準是 TOEIC 500 分左右大概就可以了。

這是考慮到能夠閱讀英文版的操作手冊。第 6 章收錄了實際畫面，如果這種程度能夠理解就不會有問題。

●英語能力小測驗

這裡來挑戰看看小測驗吧。這是可能出現在產品畫面或英文版操作手冊中的英文單字。

請試著將這些英文單字翻譯為中文。能翻譯出大概的意思就綽綽有餘了。

① object、property　② attribute　③ variables　④ extract　⑤ interrogate

object 一般譯為物體、目標、受詞等。在物件導向的程式設計中，object 指的是元件的集合體或變數等程式設計必需的各種要素。

property 一般譯為財產或不動產物件等，在程式設計中同樣有開發資產的含意。另外，property 也有特性或屬性的意思。表示屬性之意的同義單字還有 attribute。

variables 是變數的意思。接下來就有點難度了。extract 是擷取之意。interrogate 譯為質問、審問等，用在讀取資料或查詢資料庫等情況。

第 8 章

使用者需求和系統開發

8.1 ║ 使用者需求

8.1.1 使用者需求整理的定位

　　使用者需求整理的工程，是依據操作可視化的結果所完成的操作流程，確認如何讓機器人執行使用者的需求，並且具體落實。

　　截至目前為止，業務可視化生成企業流程、操作可視化生成操作流程。同理，整理使用者需求時，生成機器人的流程（8.3 會列舉範例）。

8.1.2 機器人流程

　　如何讓機器人動作、進行什麼樣的處理，都依據操作流程來生成。

　　第 6 章說明了多個產品的開發步驟範例，如果有機器人流程，就能順利地生成機器人。

　　機器人流程有工作表、流程圖，以及混合兩者的複合型（hybrid type）。

8.2 ‖ 功能性需求與非功能性需求

8.2.1 機器人開發的功能性需求與非功能性需求

功能性需求（functional requirement）是指將人替換為機器人時，哪個部分如何機器人化的最根本內容。如果從使用者需求談到更進一步的功能性需求，在機器人開發中不只是功能性需求，也有非功能性需求（non-functional requirement）。

要求系統使用者，也就是各部門的個別使用者，能統合系統整體共通的系統性能、安全性、運作、機器人檔案變更和新增的規則等需求項目，是很困難的。這些非功能性需求，應該依照企業組織整體一定的基準來統整。

8.2.2 避免忽略非功能性需求

做為開發者，關注使用者需求或個別機器人的設計和開發時，會不小心忘記非功能性需求。特別是在負責全公司系統的資訊系統部門沒有參與，而是使用者部門生成機器人等做為 EUC（參見 4.8），更容易出現這種情況。

為了避免忘記非功能性需求，筆者經常想起系統和應用軟體的性能。以前有一段時期專門從事無線系統的工作，習慣在應用軟體開始執行處理到無線對講機等回應前的時間來思考。如果是 RPA 的話，就是開始執行處理到結束的這段時間。

根據個人經驗，浮現腦海的性能概念或許不同，但如果經常考量性能，想著「性能＝非功能性需求」，延伸思考「確認其他非功能性需求了嗎？」和整體的非功能性需求，就能避免不小心忘記。

8.2.3 定義非功能性需求的時機

生成操作流程之後，希望能確定的是業務以及功能性需求、非功能性需求。然而，要在一開始生成機器人的階段定義機器人的非功能性需求，實際上有時是很困難的，生成多個機器人時再著手評估吧。

8.3 ∥ 工作表的運用

7.6 的 COLUMN 看過操作流程的範例，舉例說明以 Excel 生成操作流程。本節要介紹用工作表形式來統整使用者需求的手法。

8.3.1 操作表與機器人化範圍的差異

操作表是操作可視化的產物。桌面的操作歸屬於現有的企業流程之下。

這裡的重點是，記載在操作表中的內容，並非全部都能機器人化。有適合替換為機器人的操作，也有維持由人進行較好的操作；又或者除了 RPA，應用其他技術更好的操作。

做為開發者，需要再次確認進行如下三階段的思考（圖 8.1）：

- 能夠機器人化的操作是哪一個？
- 機器人化之後能產生效益嗎？
- 是否可能應用其他技術？

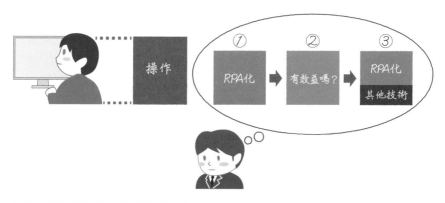

圖 8.1　考量評估機器人化時的三階段思考

如果要導入包含 RPA 的新技術來提升效益，必須了解機器人開發以及與 RPA 相似的技術。

利用工作表來進行使用者需求整理

這裡介紹運用操作表來整理使用者需求的手法。在 7.1 的操作流程中,再新增兩個工程。

①在工作表中用圖表(plot)標出機器人化的範圍

若是如**表 7.4** 的操作流程,在右側等處新增專用欄位。

②為了了解機器人執行開始和結束的觸發點,記載執行時機等資訊

運用**表 7.4** 介紹的操作流程。

在工作表中新增欄來記載。

表 8.1　工作表範例

分類	流程	系統	畫面	欄位	動作	桌面	現況	導入後	(1)RPA	(2) 開始/結束
受理	受領申請單	—	—	—	—	—	180	180		
	OCR 讀取	—	—	—	—	—	60	60		
	資料確認 1	貸款 α	PC000	桌面圖示	雙擊	LND007、LND008、LND	10	3	○	Scheduler ↓
			LS001	ID、密碼	輸入	LND007、LND008、LND	30		○	
			LS005	選單、呼叫申請單	點擊	LND007、LND008、LND	10		○	Open LS005
			LS021	申請單編號	輸入	LND007、LND008、LND	30	6	○	
			LS022	商品別、金額、預定日期	確認有無資料	LND007、LND008、LND	90		○	↓

在**表 8.1** 中,(1)RPA 欄位記載是否應用 RPA,(2)開始/結束欄位記載 RPA 開始和結束的時機。比方說,表格中「開始/結束」欄位的「Scheduler」表示用 Scheduler 啟動 RPA。

只看操作流程,有時不知道該將哪個使用者需求機器人化,如上表所示加上具體表示 RPA 化的項目,就能明確顯示機器人化的範圍。

8.4 ║ 流程圖的運用

8.4.1 運用流程圖的操作

前一節以工作表的運用為例說明。但對企業組織來說，相較於工作表，用流程圖來表示企業流程或許更容易。

本節說明以流程圖來表示操作流程的範例。

前文介紹過「業務流程模型和標記法」等，但對於操作者的鍵盤輸入、資料確認等細微的操作，並沒有特定的標記法。因此，要直接將桌面操作替換為流程圖是很困難的作業。企業流程本身多以流程圖來生成，所以也有人或企業用關聯的流程圖來表示操作。

操作流程

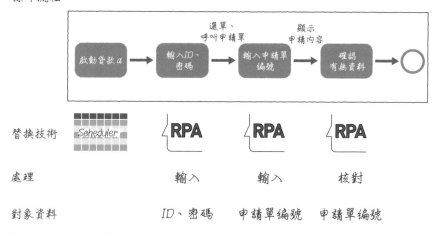

圖 8.2　流程圖運用範例

圖 8.2 只有 RPA 記號，但有時會變更用 RPA 進行的資料輸入、資料確認等的記號。

可以用視覺的方式，確認根據用途所分別使用的記號。與工作表相比，因為能用圖表示，值得運用。不過，根據生成時所用的工具，效率不同。

明確指示機器人動作和對象

工作表的範例是在右邊新增欄位，流程圖則是往下展開。

如圖 8.2 下方所示，加上機器人具體的處理和對象資料等，比較容易理解。

根據內容會分別使用各式各樣的圖，雖然生成一開始的幾張圖需要時間，習慣之後就會上手了。

8.5 複合型的運用

關於機器人的使用者需求整理手法日新月異。如果說一開始介紹的運用工作表生成操作流程是基本的手法，對終端使用者來說簡明的流程圖形式就是在演進中誕生的手法。

本節介紹複合型手法。

8.5.1 複合型是什麼？

生成的工具是 Excel，但組合工作表與流程圖。將用文字表現的內容與用圖表現的內容組合起來（圖 8.3）。

系統	貸款 α			
操作	啟動貸款 α	輸入ID、密碼	輸入申請單編號	確認有無資料
欄位	桌面圖示	ID、密碼	申請單編號	商品別、金額、預定日期
人／工具	Scheduler	RPA	RPA	RPA
開始／結束		▶		■

圖 8.3 複合型範例

想像成將縱向的工作表改成橫向，再加上記號就可以了。

因為有像工作表一樣的方格，能簡單用▶記號表示 RPA 的開始，用■記號表示結束。

複合型的好處是除了基本上具備工作表的功能，也能用圖形來標記，版面配置更顯得簡單易懂。

8.6 ‖ 其實並不簡單的 RPA 系統開發

8.6.1 RPA 的系統開發為什麼一點也不簡單？

第 6 章看過機器人開發的範例。如果在學習和實際開發的過程中逐漸習慣，機器人的生成本身也能順利推動吧。

舉例來說，假設「要將某個使用者的某項操作替換為機器人」。在這個例子中，如果有 RPA 軟體的開發環境，就能邊確認對象操作邊設想機器人腳本，推動設定和開發以生成機器人檔案。而且，生成的機器人馬上就能使用。

如果是開發和生成個別機器人的話很好，推動多個機器人的開發就是另一回事了。生成個別機器人或許很簡單，開發包含多個機器人的 RPA 系統絕非易事。

實際上，這是企業組織導入新系統時常見的事。更新核心系統的時候，大致上都是大型「One 系統」。所謂 One 系統是指單一系統，也就是全體員工使用同樣的系統。

舉例來說，如果有全公司的客戶關係管理系統，客戶編號的輸入方式或顯示等，任何員工的操作都是一樣的。全公司使用的差勤管理系統等也是，所有人都以同樣的步驟請假等，申請流程也是一樣的。

企業組織的系統開發和運用幾乎都是 One 系統。當然，也有一些例子是利用客戶關係管理 One 系統和差勤管理 One 系統，在全公司形成多個 One 系統的集合體。

然而，RPA 是隨著操作者或使用者不同，使用或替換的機器人也不一樣。大家有這類系統開發和運用的經驗嗎？

有時使用者本身為了方便使用，會將電郵軟體和排程器等客製化，但這類應用軟體和系統基本上仍是 One 系統。看**圖 8.4** 就能了解這一點。

使用者需求和系統開發

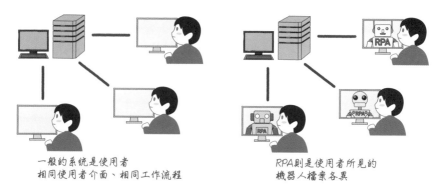

一般的系統是使用者
相同使用者介面、相同工作流程

RPA則是使用者所見的
機器人檔案各異

圖 8.4　並非 One 系統的 RPA 系統

　　若是一般的系統，使用者看相同的畫面、用相同的工作流程處理，RPA 則是每個使用者看到的機器人檔案都不同。

　　機器人開發本身絕非艱難，但從系統整體來看，其實種類繁多並不簡單。

8.7 ║ 瀑布式開發與敏捷式開發

開發系統時，採用什麼樣的手法和工程來推動至關重要。

開發包含機器人的系統時，要用瀑布式（Waterfall）還是敏捷式（Agile），一直是有爭論的話題。

8.7.1 瀑布式開發

即使今日，在業務系統開發的第一線，瀑布式開發仍是主流。從需求定義、綱要設計、細部設計、開發和製造、整合測試、系統測試、運作測試等，依一直沿用的制式工程來推動。

8.7.2 敏捷式開發

敏捷式開發是與使用者協作組成團隊，在很短的期間內以應用軟體或程式為單位，分別進行需求、開發、測試到發布（圖 8.5）。

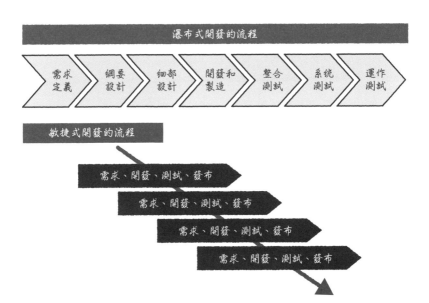

圖 8.5 瀑布式開發與敏捷式開發

若是瀑布式開發，不完成系統整體的各階段，就無法進入下一階段。敏捷式開發則是以個別的系統或應用軟體為單位來進行。

在全部門導入或全公司導入等一定規模以上的機器人開發，需要事先決定好採用瀑布式開發還是敏捷式開發。

8.7.3　瀑布式還是敏捷式？

現階段筆者的淺見是，貼近使用者且具彈性的敏捷式開發比較適合 RPA。

如 6.7 的 COLUMN 的介紹，主要原因是每個使用者使用不同的應用軟體。

從今後各種場景的機器人開發推動經驗中，來確立 RPA 專用的敏捷式手法吧。

8.8 ┃ RPA 中的敏捷式開發

8.8.1 工作現場實例

如同小規模的 RPA 系統建構或 EUC，以使用者為主體來推動機器人開發時，越來越常採用敏捷式開發。典型的例子是讓使用者坐在機器人開發者旁邊，一邊詢問確認，一邊生成機器人腳本來推動設定（開發）作業，再利用偵錯功能確認動作的手法。

此時需求定義和規格書的生成，就用能從 RPA 軟體列印出來的腳本設計單來替代。

圖 8.6 是 RPA 系統開發現場的某個場景。使用者旁邊坐著開發者，整理完需求後當場進行開發。

圖 8.6　敏捷式開發的情景

8.8.2 工作現場的敏捷式開發注意事項

上述的快速開發是可能的。

然而，採用敏捷式開發有一點需要留意，就是「機器人檔案開發≒系統開發」並不成立。

8.2 解說過，系統開發之前有需求定義的步驟，而上述內容沒有包含非功能性需求。比方說，將某個操作者的操作替換為機器人檔案的開發作業，就是指將操作本身替換為 RPA。

如果能將自身業務替換為 RPA，對使用者來說沒有問題，但從組織和管理大量機器人檔案的觀點，非功能性需求非常重要。

下面再次列舉說明：

- **安全性**　　：機器人檔案和系統整體
- **性能**　　　：機器人檔案的需求性能
- **變更和新增**：機器人檔案的變更和新增
- **運作**　　　：機器人檔案和系統整體的運作

在敏捷式開發中要生成發布機器人來運用時，很容易忘記上面幾點。

每個機器人的開發都是以需求、開發、測試、發布的程序來進行，但需要在某個點上停下來，定義某種程度上共通的非功能性需求。

第 9 章

RPA 的導入流程

9.1 導入流程中機器人開發的定位

9.1.1 導入 RPA 的五個流程

RPA 的導入是由五個項目組成：整體規劃、實機驗證、概念驗證、評估和改正、導入和建構（**圖 9.1**）。

① 整體規劃　② 實機驗證　③ 概念驗證　④ 評估和改正　⑤ 導入和建構

圖 9.1　導入 RPA 的五個流程

◉整體規劃

落實 RPA 導入戰略、導入範圍和對象領域、排程、體制等。2.4.1 說明了 RPA 的導入戰略主要有移轉人力資源等四類。首要之務是共享導入戰略，全公司導入是與經營幹部共享、部門導入則是與部門領導者共享。

◉實機驗證

事先驗證是否能得到預估的導入效益。

若是全公司導入，以實機驗證的結果來預估確保投資預算。如果是部門導入，相關人員未充分了解業務本身時，可以在這個流程進行業務可視化。

◉概念驗證

在要導入 RPA 的業務中，用來驗證設想的運用方法是否能實現的流程。有時也稱為「實證實驗」。

◉評估和改正

評估概念驗證的結果，對導入範圍和領域、排程等進行改正。

為了確實提高效益的必要流程。有時與整體規劃的改正有關。

◉導入和建構

以上述四個流程為基礎來建構系統並推動導入。

導入和建構的流程開始時，已經過實機驗證、概念驗證的評估改正，原先的整體規劃成為精度更高的計畫。

不過，現在的領先企業多半致力於先在有限的範圍內進行概念驗證，再回到整體規劃來推動。

現階段各企業組織的推動方式各式各樣，但 RPA 的導入一般可歸納為如圖 9.1 的流程。

9.1.2 機器人開發在導入流程中的定位

系統開發位於整體導入活動中最後的導入和建構階段。雖然可以想見總是會把重點放在機器人檔案開發，但整體的導入活動和整體的系統開發也很重要。

這裡再次確認機器人開發在導入流程、系統開發整體工程中的定位（圖 9.2）。

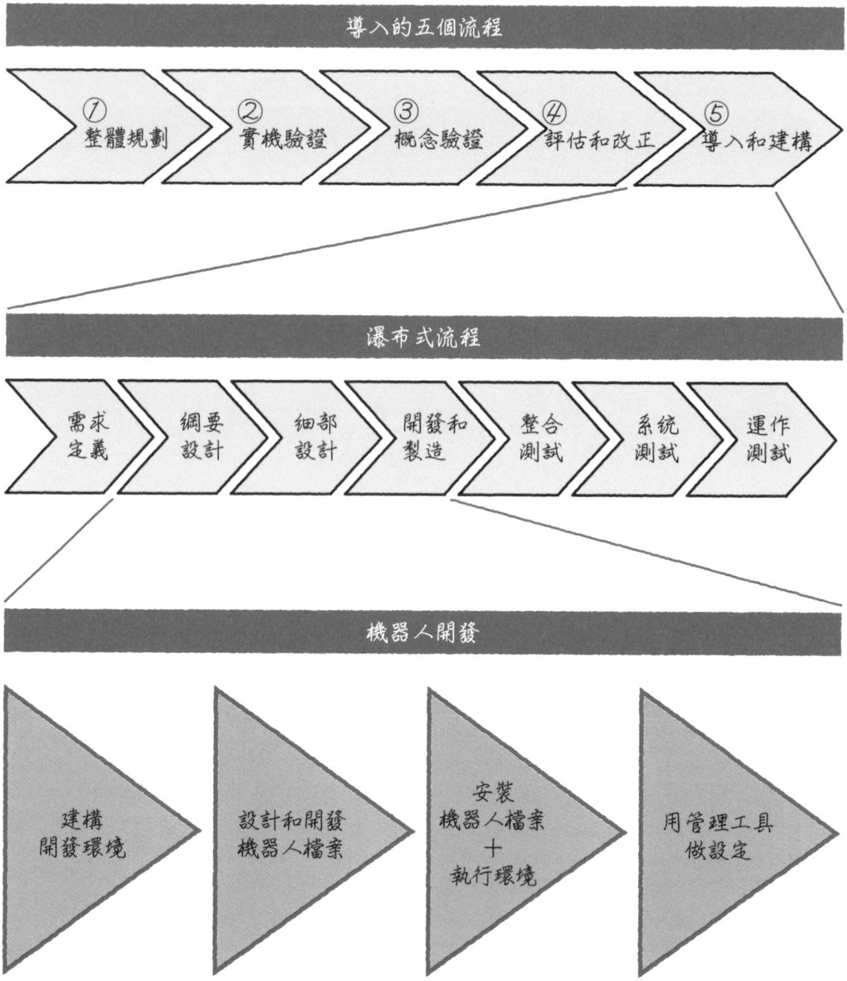

導入的五個流程

① 整體規劃 ② 實機驗證 ③ 概念驗證 ④ 評估和改正 ⑤ 導入和建構

瀑布式流程

需求定義　綱要設計　細部設計　開發和製造　整合測試　系統測試　運作測試

機器人開發

建構開發環境　設計和開發機器人檔案　安裝機器人檔案＋執行環境　用管理工具做設定

圖 9.2　機器人開發的定位

　　機器人開發是 RPA 系統的核心，但從整體導入活動來看，這只不過是工程的一部分。

　　下一節開始分別詳細檢視上述五項流程。

9.2 整體規劃

9.2.1 整體規劃的作業

整體規劃是在制定資訊通信科技戰略或 RPA 導入戰略後,擬定導入的範圍、順序、推動體制和排程等。在大規模導入的情況下,整體規劃的流程中還要確保投資預算。

可以先對主軸業務的一部分執行概念驗證,根據結果來計算出需要的金額(圖 9.3)。

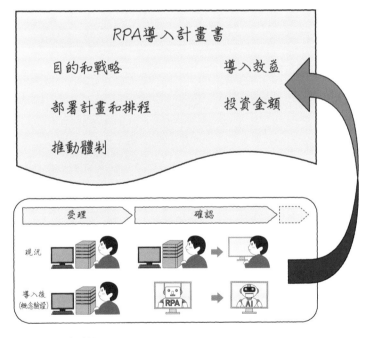

圖 9.3 整體規劃與概念驗證

9.2.2　全公司導入

領先企業已經在推動全公司導入。雖然依企業組織的規模而異，但全公司導入會是中長期的排程。有兩三年的中期，甚至五年左右，排程因企業規模、事業數和類別，以及其中的業務數和何種尺度的對象領域而異。

9.2.3　整體規劃範例

圖 9.4 是某企業的整體規劃排程範例，由 RPA 導入戰略制定、為規劃所做的驗證、規劃等三點組成，約耗時半年執行。

接下來，在實機驗證階段，進行各事業和業務的可視化及效益驗證。

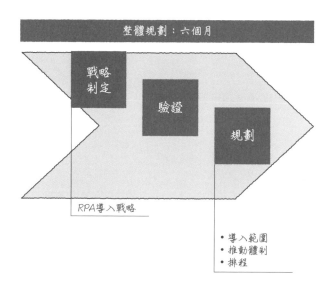

圖 9.4　整體規劃範例

在為規劃所做的驗證中，為了獲得經營會議認可、確保投資預算，以及評估體制等，選擇主要事業中一部分主軸業務，進行兩個月的效益驗證。規劃就是以驗證的結果為基礎。

關於實際上如何決定導入機器人的業務和領域,來看幾個參考範例(**圖 9.5**)。

◉業務的分類

將業務依大中小、輕重分類,以確實能推動導入的小規模或輕負荷業務優先。

◉定型業務的篩選

將資料輸入和核對等適用 RPA 的定型業務,與需要人的判斷或伴隨物理動作的非定型業務分開,從前者開始推動。

◉預算和人時的限制

以預算和人員有限為前提,綜合評估業務的分類與定型業務的篩選。

圖 9.5 是用業務分類和預算限制來決定的範例,以中小規模業務為對象。

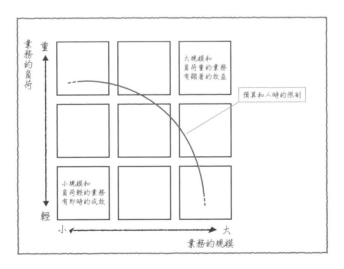

圖 9.5　業務分類和預算限制範例

KPI 設定

這裡來看看與決定業務的對象領域有關的 KPI（key performance indicator，關鍵績效指標）設定。

規劃推動對象領域的 RPA 導入時，要事先設定完成到什麼程度是 OK 的正確基準。

下面介紹主要的 KPI 範例。

①人數或生成的機器人數

從人替換為機器人時容易同步轉換的數值之一。比方說，一名操作者的操作替換為一個機器人等。

②企業流程數

將業務中特定的工程或流程替換為機器人時，確實能提高效益。以替換的工程數或業務數等為目標的思考方式。

③業務時間

人要花四小時完成的全部工作，換成機器人縮短為一小時，結果節省了三小時業務時間。將做為成果的時間或人時設定為目標值的思考方式。

④效益數值

更進一步推動上述的②或③，以效率化或生產力提高的數值為目標。比如目標是提高 20% 的效率等。

除了①～④，還有將目標設定為是否達成以往無法做到的事項的 YES ／ NO 選項。在制定整體規劃的時間點，雖然很難設定細部的 KPI，但希望可以納入這個項目。

9.3 實機驗證

9.3.1 有時兩階段進行

實機驗證在 RPA 的導入流程中扮演非常重要的角色。

第 7 章解說的業務和操作的可視化,也包含在實機驗證中。

實機驗證的進行方式有兩種:在整體規劃流程之後進行,以及分成數次進行。特別是全公司導入的投資金額龐大,為了獲得經營會議認可、確保投資預算,以及事先評估體制等,驗證一般性架構後,再進行各事業業務的實機驗證。

不過,如果是部門導入或小規模導入,無須分次進行實機驗證。

◉分次進行實機驗證的範例

這裡介紹分次進行實機驗證的範例(圖 9.6)。為規劃所做的驗證,①在整體規劃中執行,之後各個事業執行驗證②,再進行導入和建構。

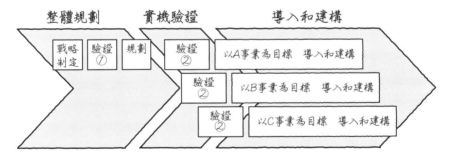

圖 9.6 分次進行實機驗證範例

實機驗證生成文件的範例

這裡介紹實機驗證生成文件的範例（**表 9.1**）。

關於企業流程和操作流程，請參見 7.2。

表 9.1 實機驗證生成文件範例

驗證①

項目	概要
目的	判斷可行性、選擇適用業務、取得針對經營會議要用的基礎資料、準備各種預算和投資
驗證內容	企業流程等級
準據資料（例）	企業流程、業務操作手冊、說明書等、各種績效數值、相關人員訪談
生成物（例）	現有企業流程、現有業務概要表、導入後的企業流程、導入後的業務概要表

驗證②

項目	概要
目的	準備實機安裝（準備進行概念驗證）
驗證內容	操作等級
準據資料（例）	操作手冊、操作流程、系統績效數值、相關人員訪談
生成物（例）	（現有操作流程）、導入後的操作流程

COLUMN

對於導入 RPA 的態度

這裡介紹企業組織對導入的想法。

企業組織導入 RPA 時有兩種做法，一是將既有的機械化、定型化工作替換為 RPA，另一種是改善整體企業流程（前者為方法替換派，後者為業務改革派）。

從最新的導入狀況來看，出現新的「RPA 派」勢力。

●方法替換派

由來已久的思考方式。找出並選擇機械化、定型化的業務,以替換這些業務為中心來推動導入 RPA。

企業流程本身不變,再者應用領域有限,所以能比較順利地推動導入,短時間內享受到成效。

●業務改革派

做為業務改革的一環來導入 RPA。

以業務改革為目標時,執行現有業務的可視化之後,設計改善和改革後的新企業流程。

導入 RPA 做為部分新業務的解決方案。因為目的是業務改革,不限於 RPA,也會評估導入其他技術。當然,也包括人的工作業務改善。

雖然可以產生較大的效益,但需要投入時間和人時來進行可視化及描繪改革後的狀態。

● RPA 派(務實派)

原本一開始是方法替換派或業務改革派,但從概念驗證等經驗中,配合 RPA 的運用狀況,「之後」變更現有業務的做法。

舉例來說,假設一天有一百件資料輸入,用 RPA 時停留在完成九十七件或九十八件,也就是有兩三件尚未輸入或出現錯誤,RPA 輸入作業結束後,由人來確認處理的結果和紀錄檔,將未輸入的部分輸入。

像這樣的工作方式,以結果來說,如果交貨期縮短且錯誤少,就算不錯了。這是某種程度的「務實」運用。

筆者認為,這種具彈性的因應方式,在 RPA 的導入中是很重要的。

筆者原是改革派。然而,知道有務實派之後,覺得這種思考方式深具魅力。

之所以這麼想,是因為這讓工作本身可以配合 RPA 彈性變動。結果是工作方式隨之改變,這不正是達成業務改善和改革嗎。

9.4 ‖ 概念驗證

9.4.1 概念驗證的兩種類型

現在導入 RPA 時，必須執行概念驗證。

概念驗證有兩種類型。

一是對個人的電腦操作進行驗證。最小規模是一人或一台電腦。

另一種類型不是以個人的工作為目標，而是以工作群組或組織的企業流程為對象。但實際上多半只選出一部分流程來執行。

9.4.2 概念驗證的進行方式

廣義來說，概念驗證的進行方式只有一種流程，但是否已篩選出 RPA 的對象業務或領域，概念驗證的工程會隨之改變。

如果已決定好對象領域，可以立刻進入概念驗證；若尚未選定，必須先決定對象領域再進行。也就是能否與相關人員共享「想執行概念驗證＝在哪個業務的哪裡執行」（圖 9.7）。

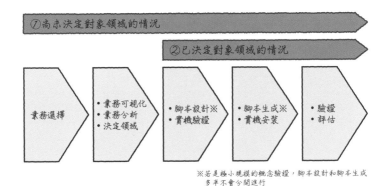

圖 9.7　概念驗證的進行方式

若尚未決定對象領域，必須如圖 9.7 的①所示，進行業務選擇、可視化和分析及決定的工程。

9.4.3 概念驗證的目的類型

說到概念驗證的目的，會聯想到是驗證 RPA 能否使用吧。然而，還有其他幾項需要留意的重點（**表** 9.2）。

表 9.2　概念驗證應該留意的重點

分類	項目	概要
概念驗證的確認事項	替換	可行性、替代手段的評估
	預估效益	預估效益高低
	產品適性	產品適合業務嗎
導入和建構的準備	企業流程變更	有無
	注意點	個別業務導入模式
		體制
		對象領域
		例外處理、錯誤情況因應、執行時間點

◉預估效益

決定能否替換或使用時，確認是否能獲得預估的效益。比方說事先預估可提高 20% 的效率，是否能達到目標。

◉產品適性

雖然已選擇認為適合的產品，但有時執行概念驗證時會出現不符預期的情況。不適用的情況包括操作困難、與對象軟體的相容性低、比預估更難開發、產品功能有問題等。

◉企業流程變更

即使一開始未打算變更企業流程，結果驗證之後，也可能出現執行 RPA 之前必須新增準備作業和確認等後端處理的情況。也有像 9.3 COLUMN 的範例。

◉注意點

圖 9.6 看過個別業務導入模式,這是指建立驗證個別業務後進行導入和建構等的模式。

其他注意事項還有體制和對象領域。9.2.4 已經說明了對象領域。此外,需要注意的事項包括例外處理、錯誤情況因應、執行時間點等。

不過,儘管完成概念驗證之後即進入正式導入的階段,仍可能因為未確保人力資源或體制,無法順利推展。關於這一點,9.6 會再次確認。

9.5 ║ 評估和改正

　藉由概念驗證來進行驗證，能看到整體規劃中應該改正的地方。

　評估和改正是為了發現讓計畫無法依預定方式進行的地方，設置停止的機會所做的設定。

9.5.1 整體規劃的改正

　根據概念驗證的結果來構成整體規劃，改正導入的範圍、順序、推動體制和排程等。

　從概念驗證的角度來看，進行後續流程之前必須先評估下列事項：效益驗證、產品適性、與計畫的差異、確認企業流程有無變更、確認導入時細節注意事項、預估正式導入所需的人力資源和體制等。

9.5.2 應該預設會做改正

　領頭企業必然會有需要做改正的時候。因此，考量整體規劃多少會有變更比較實際。

　特別是**表 9.2** 列舉的注意項目等，沒有實際做過概念驗證，有時很難判斷。

9.6 ∥ RPA 工程師與 RPA 顧問

對企業組織而言，導入 RPA 是全新的任務。

本節解說參與導入的人力資源。不管是公司內部員工或外部協力者，任務都是不變的。

9.6.1 RPA 工程師

舉例來說，要將一名操作者在桌面上進行的部分操作替換為 RPA。根據截至目前的說明，任務如下：

- 專案管理
- 操作可視化
- 使用者需求整理
- 機器人開發
- 機器人管理

負責上述任務的人，稱為 RPA 工程師。

專案管理不是僅限於 RPA 的任務，但從操作可視化到機器人管理，如同截至目前的說明，必須了解機器人開發才能進行。

如果是替換一名操作者執行的操作，一個工程師可能完成所有任務。在小規模業務或一部分的業務中，一個人大概能應付所有工作。

9.6.2 RPA 顧問

如果是整體業務或有多個或者大量的業務時，該怎麼辦呢？

多個專案同時進行各式各樣的工程時，單靠 RPA 工程師很難完成，需要依據專業來分擔任務。特別是大規模專案，除了 RPA 工程師，還需要其他角色參與。能扮演這個角色的人稱為 RPA 顧問，與 RPA 工程師有明確的區別。

具體來說，分工如圖 9.8 所示。

RPA工程師

- 專案管理
- 操作可視化
- 使用者需求整理
- 機器人開發
- 機器人管理

RPA顧問

- 制定整體規劃
- 業務可視化
- 實機驗證
- 整體導入管理

圖 9.8　RPA 工程師與 RPA 顧問的分工

在大規模專案中，RPA 顧問與 RPA 工程師分工，協作推動導入。

9.6.3　順利銜接的方法

RPA 導入專案的課題之一是，顧問要在哪個環節銜接給工程師。比方說，到業務可視化為止是顧問，其後的任務由工程師接替等。

工程上是這樣設定，但有時截至概念驗證的系統開發由顧問負責比較恰當。

讀到這裡，想必大家已經發現標準答案了吧。那就是 RPA 顧問和 RPA 工程師都了解了本書所含括的內容，靈機應變對應就沒問題了。

兩者具備共通的知識，也理解對方的角色並發揮自己的專業，就能順利地銜接。不管自行開發還是委託外部協力者，一體適用。

9.6.4　人才不足

現實中在導入 RPA 的場景裡，總是有人才不足的情況。本書說明了兩者的專門知識，但自己適合擔任 RPA 顧問還是 RPA 工程師，或是要當全能者，或者用經營的手腕來支援大規模導入專案，有各式各樣的選項。

導入作業的部署和自行開發的可能範圍

企業組織導入部署 RPA 時有一種法則。

1.7.3 介紹過,最初①從公司內部資訊共享和支援業務等輕負荷業務開始,接著部署至②公司內部的常規業務、③客戶導向的業務和流程。

● RPA 的部署與自行開發

這裡來思考 RPA 部署與自行開發的關係(圖 9.9)。縱軸是上述的①~③,橫軸是使用者部門、使用者部門+資訊系統部門、使用者部門+資訊系統部門+外部協力者。

橫軸用業務區分①~③,可想成是小規模、中規模、大規模。

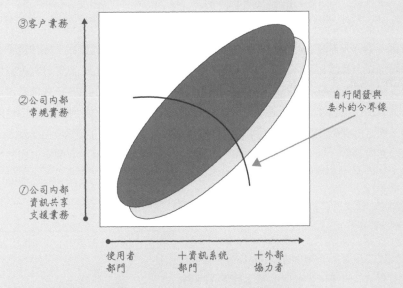

圖 9.9 RPA 部署與自行開發

使用者部門和①的組合,是用 EUC 來進行 RPA 導入。

實際導入部署至客戶導向的業務和流程時,考慮到規模和難易度,多半採取與外部協力者合作的方式。

第 10 章

運作管理和安全性

10.1 運作管理系統

10.1.1 運作管理系統與 RPA 的關係

一般來說，核心系統和各業務系統運作的監控及管理，使用專用的系統。從系統運作管理的觀點來看，RPA 的定位是隸屬於運作管理系統之下。

另一方面，RPA 本身也負責其下機器人的運作管理。第 4 章介紹了 BPMS，BPMS 可以管理隸屬於工作流程當中的人員和 RPA 其他的運作。

來看看運作管理系統、RPA、業務系統、BPMS 的關係吧（圖 10.1）。

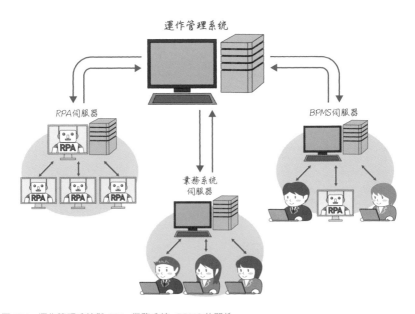

圖 10.1 運作管理系統與 RPA、業務系統、BPMS 的關係

運作管理系統位於頂點，監控 RPA 管理工具的伺服器、業務系統的伺服器、BPMS 的伺服器等。

RPA 為多個系統之一，定位是隸屬於運作管理系統之下。

說到運作管理，雖然有運作監控及維護系統穩定運作的管理和修復之意，但這裡指的主要是運作監控。

說明 RPA 的運作管理之前，先來確認一般而言的運作監控系統是做些什麼。

10.1.2 運作監控系統

大體而言，有兩種面向的監控：健康檢查（health check）和資源監控（resource monitoring）。雖然是從運作監控伺服器來進行健康檢查和資源監控，但監控對象只到伺服器和網路裝置。

◉健康檢查

從運作監控伺服器等來確認伺服器或網路是否在運作，又稱為「生死監控」（alive monitoring）。

監控方式有兩種：從運作監控伺服器等向對象裝置的通訊埠傳送封包，確認回覆狀態的網路監控（network monitoring），以及確認特定檔案是否在運作或停止的程序監控（process monitoring）。

◉資源監控

監控對象機器的 CPU、記憶體等的使用率。

監控結果顯示使用率 30%（圖 10.2），使用率很高時會進行警示等。

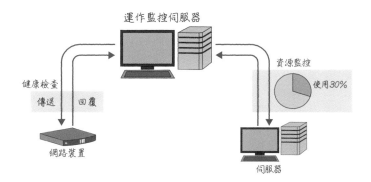

圖 10.2　健康檢查和資源監控

10.2 ∥ RPA 的運作管理

10.2.1　RPA 的健康檢查和資源監控

前文說明運作管理系統含括健康檢查和資源監控。RPA 的管理工具有同樣的功能。健康檢查是確認機器人是否在動作，資源監控則是確認處理量在預估值內的功能。

以機器人為主角的 RPA 管理工具，從管理對象是機器人以及管理對象是相關人員兩個角度來思考，比較容易理解。

◉管理對象是機器人

RPA 通常會管理多個機器人。以機器人為對象時，進行如下管理：

- 設定檔　　　：名稱和任務
- 運作狀況　　：有無動作
- 排程　　　　：定時的開始和結束
- 處理完成狀態：已完成和未完成的處理
- 運作機器人數：機器人總數和運作中數量
- 動作順序　　：機器人之間動作的順序
- 工作群組　　：業務和工程中的分組

◉管理對象是人

因為不是機器人，存在於 RPA 之外，但必須釐清其所在和任務（圖 10.3）。

- 權限管理：管理者、開發者、使用者、其他
- 群組　　：使用者的分組和階層劃分

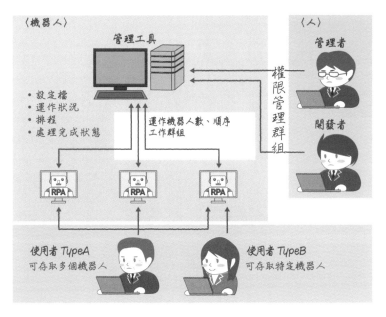

圖 10.3　管理工具對機器人和對人的管理

　　在這種情況下，機器人周邊會有權限被管制的人員。

　　與導入 RPA 之前相比，直接替換為以群組來管理人員的管理方式，由此可知可以進行完成度很高的人員管理。

10.3 運作管理畫面範例

10.3.1 Kofax Kapow 的 Management Console

Kofax Kapow 可以用 Web 瀏覽器的 Management Console 來確認各種資訊。

圖 10.4 的 Dashboard 畫面是藉由使用者介面組件 Portlet 來表示，在一個畫面裡可以確認 RoboServer memory usage（RPA 伺服器的記憶體使用狀況）、Total executed robots（正在動作的機器人數）等。

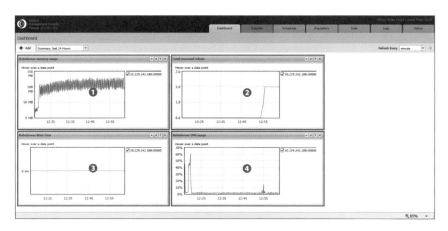

圖 10.4　Management Console Dashboard 畫面範例

舉例來說，①表示 RoboServer memory usage 的狀態，②表示 Total executed robots 的狀態。順帶一提，③是 RoboServer Wait Time，④是 RoboServer CPU usage。

圖 10.5 是管理各機器人處理排程的畫面範例。範例中的一列代表一個機器人。

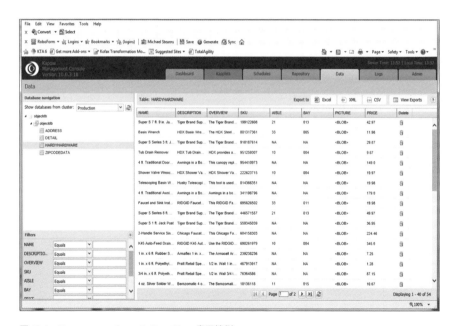

圖 10.5　Management Console Schedules 畫面範例

接著是 Data 畫面，可看到機器人儲存在資料庫的資料（圖 10.6）。
可知第一列輸入了商品名（NAME）為 Super S 7 的商品記錄對象。

圖 10.6　Management Console Data View 畫面範例

10

運作管理和安全性

Pega 的管理工具是隸屬於 BPMS 的 Pega7 的 Robot Manager。

◉ Robot Manager 的機器人預覽

可從清單中確認各機器人的運作狀況。機器人圖示簡明易懂（**圖 10.7**）。

除了機器人編號，還加上進行中工作的設定檔資訊，一目了然掌握工作進度。

比方說，第一列的機器人隸屬於客戶服務的工作群組，命名為 CUSTSERV03_
VSASAMWAP。

從畫面得知，現在是 active（アクティブ）狀態。

圖 10.7　Pega Robot Manager 的機器人預覽畫面範例

圖 **10.8** 是用工作群組所見的範例。

上層和下層分為「Banking」和「Customer service」的工作群組。

隨著導入的進行，群組會越來越多，用這樣的工作群組來檢視畫面非常方便。

圖 10.8　Pega Robot Manager 的工作群組預覽畫面範例

10.3.3　WinDirector 的執行機器人狀態確認畫面

圖 10.9 是執行機器人狀態確認畫面範例。

畫面上總共有十二個機器人（WinActor），機器人是在範例中所示四個狀態中的哪一個一目了然：執行中（綠▶）、待機中（藍■）、腳本停止中（紅▶）、異常停止中（黃■）。

舉例來說，左上隸屬於工作群組 mockgroup 1（モックグループ 1）的機器人 ID：0000000001 的執行機器人，顯示是待機中。

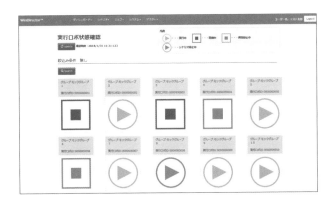

圖 10.9　WinDirector 的執行機器人狀態確認畫面範例

10.4 ‖ 使用 RPA 的運作管理

10.4.1 工作進度該由誰管理？

至此說明了運作管理的系統，RPA 的情況是除了系統和軟體的運作，還有一個管理面向是代理人來執行的指定工作是否順利進行。

關於 RPA 的處理完成狀態，系統的運作管理部門和第一線部門都知道，但處理對象的工作內容則是非第一線部門就無從得知。因此，由管理企業流程的第一線部門來確認比較恰當。

如果機器人和人做同樣的工作，導入的第一線部門也需要設置管理者。

現階段單靠 RPA 就能完成的業務還很少，由監控整體業務的管理者來兼任是可行的，但考量未來的管理，最好能選任 RPA 的管理者。

10.4.2 RPA 的業務系統登入 ID

RPA 登入業務系統執行處理是常見的作業，這時的登入 ID 和密碼應該如何設定呢？

現階段有如下三個選項：

①發布個別機器人專用的 ID 和密碼
②發布機器人通用的 ID 和密碼
③沿用特定人員的 ID 和密碼

在上述選項中，多數選擇①。機器人較少或機器人負責的業務為流動性質，有時會選擇②或③。

利用 RPA 進行運作監控

RPA 本身也可用來進行系統的運作監控業務。這裡介紹運作監控範例。

●運作監控的例子

系統的運作監控是定時進行健康檢查和資源監控。如果是原來就在運作的系統，運作監控的系統已是定時執行，已經自動化。

但對於新系統或經常新增變更等的系統，實際狀況多是靠人工定時監控。

有些例子是讓 RPA 來代理這類系統的健康檢查和資源監控。

因此，系統相關業務的專家也高度關注 RPA 的導入。

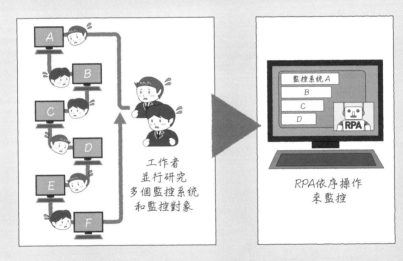

圖 10.10　RPA 操作監控系統

工作者是看多個畫面，定時並行研究監控系統和監控對象，由機器人代理會更有效率。

從上圖可知，監控系統和監控對象的操作很適合運用 RPA 的方法。

● Web 運作監控的例子

同樣的例子也可見於 Web 服務的運作監控。

Web 的情況是除了系統本身的健康檢查和資源監控，還要監控重要的頁面是否正確動作。比方說，申請估價的頁面是否正常動作或訂購系統的功能是否運作等。

以 Web 的情況來說，伺服器、URL、內容本身都經常變更，所以實際上很多企業會投入人力來確認動作狀況。特別是急速成長的 Web 服務業等，投入大量人力來監控未授權存取等。

無法收到客戶的訂單、商品圖像未顯示，或是被刻意變更為其他內容等，對銷售影響甚巨，某種程度來說不得不實施人海戰術。

頁面是否正確顯示、是否在動作等的監控，不是很難定義，可以期待 RPA 發揮作用。

筆者看過知名網站操作者每隔一段時間就得確認系統運作，工作非常辛苦。

系統的運作監控和 Web 服務的監控範例與 RPA 相容性高，今後在同樣的場景中導入的例子會越來越多吧。

10.5 ‖ RPA 的安全性

10.5.1 從物理架構來看安全威脅

做為一種系統，RPA 是由伺服器和桌面組成的（**圖 10.11**）。

從安全性的觀點來看，就是確認對於伺服器和桌面裡的應用軟體及資料存在著哪些威脅。

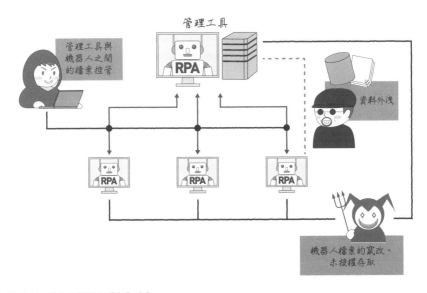

圖 10.11　從物理架構來看安全威脅

當然，伺服器等硬體、網路裝置和桌面都面臨安全威脅，但本節集中說明做為軟體的 RPA 所面對的威脅。

若集中談 RPA 軟體，主要的安全威脅範例如下：

- 機器人檔案的竄改
- 對機器人檔案的未授權存取
- 資料外洩
- 管理工具與機器人之間的檔案控管

◉機器人檔案的竄改

第 6 章解說機器人的開發，這裡是指竄改了開發者定義好的處理。

如果是每天執行或定時執行的處理被竄改，危害甚大。

◉對機器人檔案的未授權存取

有別於竄改，沒有權限的人存取機器人檔案，可以推想機器人檔案無法依排程執行，或是讓他人得知未公開的機器人的存在。

◉資料外洩

執行機器人時會取得並保存外部資料，這些資料可能外洩。比方說，從某系統複製客戶資訊到其他系統時，將對象資料保存在資料檔案或資料庫。若是發生未授權存取，可以推想這些保存的資料可能產生外洩。

再者，雖然只有動態視力極佳的人才可能辦到，但目視偷窺機器人操作的機密資料也不無可能。

◉管理工具與機器人之間的檔案控管

可以預想在管理工具與各機器人之間，資料交換時發生外洩。

不同產品關於對策的實機安裝狀況各異，對於各種安全威脅的對策範例，彙整如表 10.1。

表 10.1　安全威脅和對策範例

安全威脅	對策範例
機器人檔案的竄改	對機器人檔案加密
對機器人檔案的未授權存取	• 細分權限管理層級 • 監控桌面的操作
資料外洩	• 對取得的外部資料加密 • 對顯示資料的遮罩（masking）
管理工具與機器人之間的檔案控管	機器人檔案與管理工具之間的通訊資料用 SSL 憑證（SSL：Secure Sockets Layer，安全通訊端層）加密，同時加上 ID 和密碼的使用者認證功能

安全性是今後需求將進一步成長的領域。除了上述幾點之外，還需要實行各種對策。

隨著 RPA 導入的推動，機器人檔案數量會變多，處理的資料量也更為龐大。

處理大量的機器人和資料之前，各企業組織實施符合安全政策基準的對策至關重要。

10

運作管理和安全性

10.6 安全性畫面範例

本節介紹安全性相關畫面的範例。

以 WinDirector 和 Blue Prism 的畫面為例。

10.6.1 WinDirector 的權限管理畫面範例

在 WinDirector 的使用者清單畫面中，可確認使用者登錄資訊（圖 10.12）。

顯示使用者清單之前，會先有使用者的登錄，定義使用者名稱、密碼、權限、有效期限等。權限的類型包括完整存取權限（フルアクセス，full access）、腳本＋工作（シナリオ＋ジョブ，scenario ＋ job）登錄、工作（ジョブ，job）登錄等。

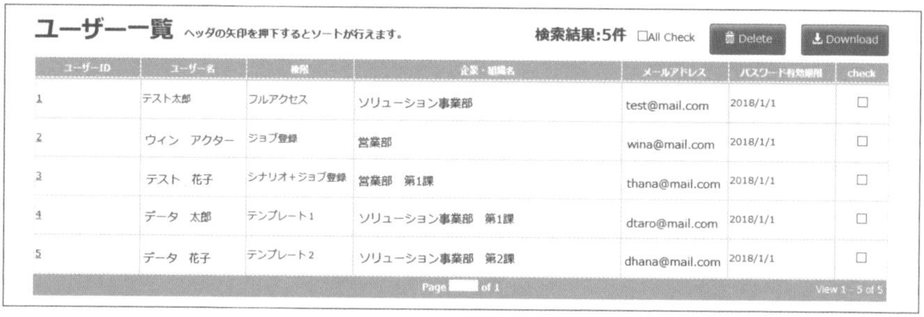

ユーザー一覧　ヘッダの矢印を押下するとソートが行えます。　検索結果:5件　☐All Check　Delete　Download

ユーザーID	ユーザー名	権限	企業・組織名	メールアドレス	パスワード有効期限	check
1	テスト太郎	フルアクセス	ソリューション事業部	test@mail.com	2018/1/1	☐
2	ウィン　アクター	ジョブ登録	営業部	wina@mail.com	2018/1/1	☐
3	テスト　花子	シナリオ+ジョブ登録	営業部　第1課	thana@mail.com	2018/1/1	☐
4	データ　太郎	テンプレート1	ソリューション事業部　第1課	dtaro@mail.com	2018/1/1	☐
5	データ　花子	テンプレート2	ソリューション事業部　第2課	dhana@mail.com	2018/1/1	☐

Page of 1　View 1 - 5 of 5

圖 10.12　WinDirector 的權限管理畫面範例

完整存取權限是指可以使用 WinDirector 的全部功能。

腳本＋工作登錄是除了工作登錄之外，可以登錄和刪除生成的腳本（工作：登錄在 WinDirector 上的腳本或腳本群組，腳本：在 WinActor 生成的機器人動作流程）。

工作登錄僅限於工作的登錄、更新和刪除等。

畫面第一列的使用者「測試者太郎」（テスト太郎）有完整存取權限。

第四列使用者有「範本 1」（テンプレート 1）的存取權限，但必要時可以自由定義權限。

Blue Prism 的權限管理畫面範例

權限管理是根據 RPA 負責人員的角色來設定（圖 10.13）。角色（役割）位於畫面中央，分為七種：Alert Subscriber、Developer、Process Administrator、Runtime Resource、Schedule Manager、System Administrator、Tester。

圖 10.13 選擇有 Developer 存取權限的 Permissions 為例。預設值是將角色分為七種類型，但可因應需求生成新角色。

權限也能再細分設定。

圖 10.13　Blue Prism 的權限管理畫面範例

10

運作管理和安全性

10.6.3   Blue Prism 的資料加密畫面範例

圖 10.14 是定義資料加密方案的畫面範例。

在畫面中央，對儲存在資料庫裡的資料加密進行定義。畫面下方顯示的既定加密方式是選擇 AES-256bit。

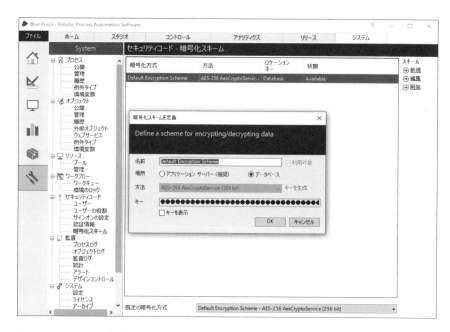

圖 10.14　Blue Prism 的資料加密畫面範例

結語

至此依主題循序說明了 RPA 的機制和應用，最後用業務自動化的觀點統整。

如大家所知，企業組織正推動 RPA 的導入。最初多半是從由人來執行的桌面操作的替換開始。接著，部署至整體企業流程的運用。最後，以業務自動化為目標，藉由與其他系統的組合，達到最佳化。

說到業務自動化，近期有第 4 章介紹的 AI、OCR、BPMS、巨集等技術。雖然 RPA 在自動化技術中占有重要位置，但並非「一切」，只是有力的選擇「之一」罷了。

當然，與其他技術無縫協作，也可能在追求業務自動化的過程中，因整合其他技術，或反之被其他技術整合等，讓 RPA 的型態隨之改變。

如果進一步擴大視野，除了本書介紹的技術之外，還有種類眾多的其他協作技術，包括各種感應器和 IoT 相關裝置，以及語音、影像、移動辨識等。

筆者想對各位讀者說的是，請將最終目標設定為如同最尖端工廠一樣的全自動化。為了達到這項目標，請好好思考現在和未來要如何運用 RPA。

最後，本書的撰稿承蒙下列人士協助：前田浩志先生、大石晴夫先生、佐藤正美先生、鞄谷幹先生、浦田正博先生、株式會社 NTT DATA 第二公共事業本部第四公共事業部 RPA Solution 負責人、Pega Japan 株式會社、Blue Prism。此外，感謝翔泳社編輯部從本書的企畫到出版，給予全面的支援。再次致上謝意。

我們的目標是業務自動化，而 RPA 是極有可能實現目標的一項技術。若本書能為此盡上棉薄之力，實感欣慰。

2018 年 8 月　西村泰洋

附錄　專有名詞縮寫對照表

縮寫	英文名	中譯名
BPM	business process management	企業流程管理
BPMN	Business Process Model and Notation	業務流程模型和標記法
BPMS	business process management system	企業流程管理系統
BPO	business process outsourcing	企業流程委外
CRM	customer relationship management	客戶關係管理
CSS	Cascading Style Sheets	層疊樣式表
CSV	comma-separated values	逗號分隔值
DBMS	database management system	資料庫管理系統
DLL	dynamic link library	動態連結函式庫
ERP	enterprise resource planning	企業資源計畫
EUC	end-user computing	使用者自建系統
ICT	information and communications technology	資訊通信科技
IoT	Internet of Things	物聯網
KPI	key performance indicator	關鍵績效指標
OA	office automation	辦公室自動化
OCR	optical character recognition/reader	光學字元辨識
PES	performance evaluation system	績效評估系統
PMM	process maturity model	流程成熟度模型
PMO	project management office	專案管理辦公室
POC	proof of concept	概念驗證
PSR	Problem Steps Recorder	問題步驟收錄程式
QA	quality assurance	品質保證
RDA	robotic desktop automation	機器人桌面自動化
RPA	robotic process automation	機器人流程自動化
SI	system integration	系統整合
SSL	Secure Sockets Layer	安全通訊端層

國家圖書館出版品預行編目資料

圖解RPA機器人流程自動化入門：10堂基礎課程+第一線導入實證，從資料到資訊、從人工操作到數位勞動力，智慧化新技術的原理機制、運作管理、效益法則／西村泰洋著；陳彩華譯. -- 初版. -- 臺北市：臉譜，城邦文化出版：家庭傳媒城邦分公司發行, 2019.10
面；　公分. --（科普漫遊；FQ1059）

譯自：絵で見てわかる RPAの仕組み

ISBN 978-986-235-759-0（平裝）

1. 資訊管理系統　2. 機器人

494.8　　　　　　　　　　　　　　　　108009211

絵で見てわかる RPA の仕組み
(E de mitewakaru RPA no Shikumi :5706-1)
Copyright © 2018 by Yasuhiro Nishimura
Original Japanese edition published by SHOEISHA Co., Ltd.
Complex Chinese Character translation rights arranged with SHOEISHA Co., Ltd.
through JAPAN UNI AGENCY, INC.
Complex Chinese Character translation copyright © 2019 by Faces Publications, A division of Cité Publishing Ltd.
All Rights Reserved.

科普漫遊　FQ1059

圖解RPA機器人流程自動化入門

10堂基礎課程+第一線導入實證，從資料到資訊、從人工操作到數位勞動力，智慧化新技術的原理機制、運作管理、效益法則

作　　　者　西村泰洋
譯　　　者　陳彩華
審　　　定　莊永裕
副總編輯　劉麗真
主　　　編　陳逸瑛、顧立平
封面設計　廖韡

發　行　人　凃玉雲
出　　　版　臉譜出版
　　　　　　城邦文化事業股份有限公司
　　　　　　台北市中山區民生東路二段141號5樓
　　　　　　電話：886-2-25007696　傳真：886-2-25001952
發　　　行　英屬蓋曼群島商家庭傳媒股份有限公司城邦分公司
　　　　　　台北市中山區民生東路二段141號11樓
　　　　　　客服服務專線：886-2-25007718；25007719
　　　　　　24小時傳真專線：886-2-25001990；25001991
　　　　　　服務時間：週一至週五上午09:30-12:00；下午13:30-17:00
　　　　　　劃撥帳號：19863813　戶名：書虫股份有限公司
　　　　　　讀者服務信箱：service@readingclub.com.tw
香港發行所　城邦（香港）出版集團有限公司
　　　　　　香港灣仔駱克道193號東超商業中心1樓
　　　　　　電話：852-25086231　傳真：852-25789337
馬新發行所　城邦（馬新）出版集團 Cité (M) Sdn Bhd
　　　　　　41-3, Jalan Radin Anum, Bandar Baru Sri Petaling, 57000 Kuala Lumpur, Malaysia
　　　　　　電話：603-90563833　傳真：603-90576622
　　　　　　E-mail: services@cite.my

城邦讀書花園
www.cite.com.tw

初版一刷　2019年10月7日
ISBN 978-986-235-759-0

定價：499元